基于特殊锚节点的传感器网络节点定位研究

Wireless Sensor Network Localization based on Beacon Nodes

安芹力　陈建峰　赵学军　著

国防工業出版社

·北京·

内 容 简 介

本书通过大量的数据和图表结合严谨的公式推导，介绍了无线传感器网络基于十字配置锚节点的节点自定位的理论研究及仿真实验，并给出了相关的结果和分析方法。同时对常见的蜂窝网定位算法进行了分析并给出了改进意见。最后对基于移动锚节点的节点自定位算法进行了探讨。本书为研究无线传感器网络自定位的技术人员提供了一个全新的视角，同时对其他领域定位研究的技术人员也有一定的参考价值。

本书适合于从事无线传感器网络定位研究的科研人员和工程师参考，以及相关专业的大专院校师生学习。

图书在版编目（CIP）数据

基于特殊锚节点的传感器网络节点定位研究/安芹力，陈建峰，赵学军著. — 北京：国防工业出版社，2022.3

ISBN 978-7-118-12485-9

Ⅰ.①基… Ⅱ.①安… ②陈… ③赵… Ⅲ.①无线电通信 - 传感器 - 无线电定位法 - 研究 Ⅳ.①TP212

中国版本图书馆 CIP 数据核字（2022）第 019740 号

※

国防工业出版社出版发行

（北京市海淀区紫竹院南路 23 号 邮政编码 100048）

北京凌奇印刷有限责任公司印刷

新华书店经售

*

开本 710×1000 1/16 **印张** 8¾ **字数** 150 千字

2022 年 3 月第 1 版第 1 次印刷 **印数** 1—1000 册 **定价** 99.00 元

国防书店：（010）88540777 书店传真：（010）88540776

发行业务：（010）88540717 发行传真：（010）88540762

前言

无线传感器网络（Wireless Sensor Network，WSN）是一个得到广泛研究的领域。无线传感器网络定位是无线传感器网络研究和应用领域的一个重要组成部分，是指在给定或获取足够多的邻节点之间信息基础上进行节点位置坐标估计的过程。此领域多年来一直是无线传感器网络领域的学术研究和工程研究的热点。

本书通过预先配置少量已知自己位置和其他相关参数的锚节点，根据预先配置锚节点的特殊性，给出了复杂度低、定位精度高的定位算法，得出了一些新的结论，丰富了该领域的研究成果。

本书共由 7 章组成。第 1 章是无线传感器网络发展和应用。第 2 章对无线传感器网络的工作方式、指标体系、定位算法分类、网络可定位理论、测量方法的 CRB、常见的定位算法和定位系统以及现有定位算法的不足等相关现状进行了介绍。第 3 章考虑锚节点为十字布局，构造度量为距离的传感器节点定位算法，并给出了与以前定位算法的性能比较以及相关的 CRB、Fisher 误差椭圆等性能分析。第 4 章与第 3 章条件相同，构造度量为距离差及跳距的传感器节点定位算法，并给出了相关的 CRB、Fisher 误差椭圆等性能分析。第 5 章与第 3 章条件相同，构造度量为到达角的传感器节点定位算法。通过与以前的定位算法比较以及 CRB 等性能分析，给出定位算法的评价。第 6 章针对特殊的传感器网络—蜂窝网，给出了最大似然估计线性化目标定位算法，与最小二乘算法进行了对比，并且利用 CRB 对定位误差进行了分析。第 7 章针对基于移动锚节点的 DIR 定位算法的缺陷，给出了改进的 DIR 定位算法，并对定位误差等相关性能进行了分析。

本书在编写过程中，得到了空军工程大学基础部领导和业务部门的关心和大力支持。特别是国防工业出版社的大力支持及具体指导，为本书的出版创造了诸多便利条件，在此一并表示衷心的感谢。

本书由空军工程大学安芹力博士、西北工业大学陈建峰教授、空军工程大学赵学军副教授编写。本书在编写过程中参阅了许多著作、教材和其他参考文献，在此谨向这些材料的原著作者表示诚恳的谢意。

由于作者水平有限，书中难免存在一些疏漏和不足，敬请读者批评指正。

编者

2020 年 10 月

目录

第一章　无线传感器网络的发展和应用

第一节　引言

一、无线传感器网络

随着现代传感器技术、微电子技术、通信技术、分布式信息处理技术和嵌入式计算技术等的发展，现在已经可以制作低成本、微型化、智能化的传感器，这就发展出了一种崭新的信息采集技术，进而演化成无线传感器网络（Wireless Sensor Network，WSN）。无线传感器网络一般是指由大量随机分布，具有感知、计算和无线通信能力的传感器节点，采用自组织方式构成的网络。

一个完整的无线传感器网络通常具有以下 3 个部分：传感器节点、网关（Sink Node）和监测对象。大部分网关没有能量限制，它的数据处理、存储和通信能力较强，可以通过有线、无线通信把数据信息发送给任务管理中心。传感器节点是整个网络最基本的元素，由电池供电，处理能力、存储能力和通信能力都相对较弱，它由传感器、处理器、无线通信和能量供应 4 个基本模块以及定位、移动和能量生成 3 个可选模块构成，如图 1-1 所示。传感器和模/数转换器（Analogue-Digital Converter，ADC）构成了传感器模块，主要用来感知需要收集的数据；处理器模块由存储器和处理器两部分组成，主要用来控制每个传感器操作、存储、处理收集到的数据以及是否转发数据等；传感器之间的数据报文、控制报文等都由通信模块负责；能量供应模块提供传感器运行的能量；定位模块可以提供相对或者绝对位置；移动模块负责传感器的运动方式；能量生成模块可以提供后续能量。

无线传感器网络在军事、农业、环境监测、医疗卫生、工业、智能交通、建筑物监测等领域有着广阔的应用前景[1-3]。无线传感器网络作为一个科研学术领域已经研究了近 30 年，尤其在中国发展迅速并且已有大量专著出现[3-6]。

近几年，无线传感器网络的商业化引起了大量的科研院所以及高科技公司的高度关注，在很多领域无线传感器网络已经进入实用化阶段。目前，无线传感器网络的应用主要集中在以下领域（图 1-2）。

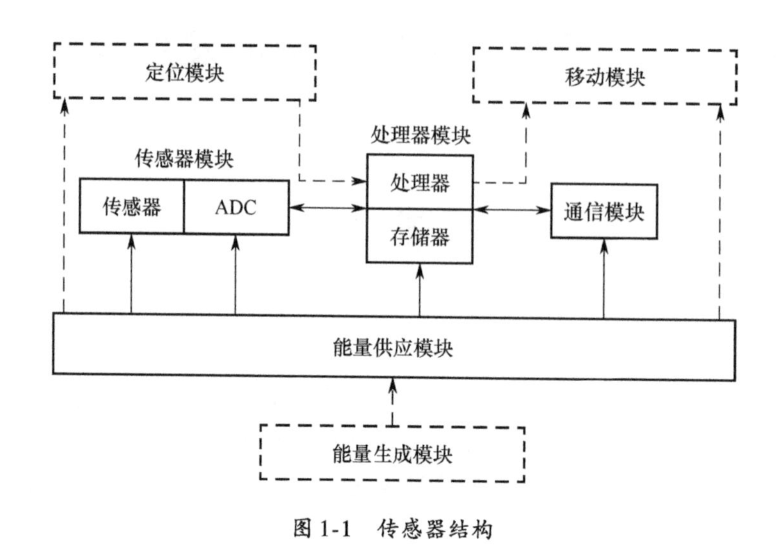

图 1-1 传感器结构

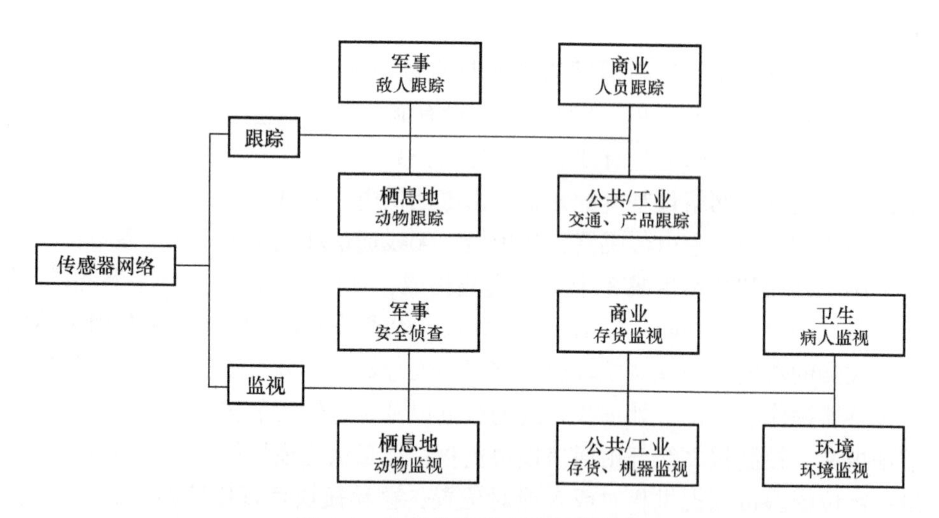

图 1-2 无线传感器网络应用分类

随着时间的推移，无线传感器网络将不仅在工业、农业、军事、环境、医疗等传统领域具有巨大的应用前景，未来还会在许多新兴领域体现它的优越性。未来的无线传感器网络将是一个无处不在、十分庞大的网络，其应用将涉及人们的日常生活和社会活动的所有领域。可以大胆地预见，未来无线传感器网络将完全融入我们的生活。

建立无线传感器网络的目的是采集信息，而所采集的信息如果没有位置参量，则基本没有价值，所以无线传感器网络的位置估计是不可或缺的。

二、蜂窝网定位

单从定位方面来讲，蜂窝网与传感器网络定位并无本质上的区别。蜂窝网定位就是在蜂窝网提供的相关信息条件下确定蜂窝移动电话的地理位置。蜂窝网定位出现主要有如下原因。

(1) 政府法规。1996 年 6 月，美国 FCC 要求所有的移动网络运营商对一切“911”呼叫紧急服务提供定位服务。

(2) 客户需求。实现无线定位获得位置服务作为原有语音服务的附加服务，极大地方便了用户。

(3) 商业竞争。作为运营商来说，提供位置服务作为额外服务，增强了自身的商业竞争力。

(4) 技术允许。随着蜂窝网、智能手机、新的定位技术的出现，使得实现蜂窝网定位成为现实。

蜂窝网定位主要有以下几个应用领域。

(1) 跟踪业务。警方对嫌疑人的追踪、走失儿童和老人的寻找、车辆运行线路的监控等。

(2) 便于制定基于位置的收费标准。根据所在位置收取不同的通话费用，提高运营商的竞争力，达到调解系统容量、提高通话质量的目的。

(3) 优化网络管理。通过检测用户所在位置，使得网络更好地确定网络切换的时机，为用户提供了更好的通话质量，提高了网络带宽的利用率。

(4) 提供安全应用。遇到紧急情况，精确的位置服务使得紧急呼叫在较短时间内为有力的救援提供了可靠保障。

第二节　目前国内外研究的进展

无线传感器网络中携带全球定位系统（GPS）接收机或通过其他方式获得坐标位置的节点称为锚节点或信标节点。其他节点通过定位算法估计自身的位置。考虑到传感器网络中的传感器节点布置的密集性，尽管 GPS 定位模块价格已大幅下降，但为了节约其成本和减少节点的能量消耗，通常还是采用配置少量锚节点完成传感器网络的定位。现有的定位算法大多基于此假设。

然而，现有的大部分定位算法是基于随机分布锚节点的，如多边测量法、质心算法[7-8]、Bounding Box 算法[9]、Amorphous 算法[10]、DV-HOP 算法[11]、DV-Distance 算法[12]等。锚节点位置的随机性，导致节点的定位误差具有极大的不稳定性。传感器网络定位算法大部分借鉴了经典的定位算法，算法的复杂度高，不能满足传感器网络的定位要求，如 MDS 算法[13]、SDP 算法[14-15]等。

第二章　传感器网络节点定位

第一节　引言

无线传感器网络的基本工作方式为，通过人工布置、发射器发射或飞行器抛洒，将大量传感器节点布置到感兴趣的观测区域。各节点通过自组织方式组建无线通信网络。随机分布的传感器节点借助传感器件观测如热、红外、声纳、雷达和地震波等信息。在无线传感器网络中，节点即是信息的采集和传输者，也是信息的中继者，采集的数据通过多跳路由到达网关，由网关通过Internet、移动通信网络、卫星等与监控中心通信（图2-1）。

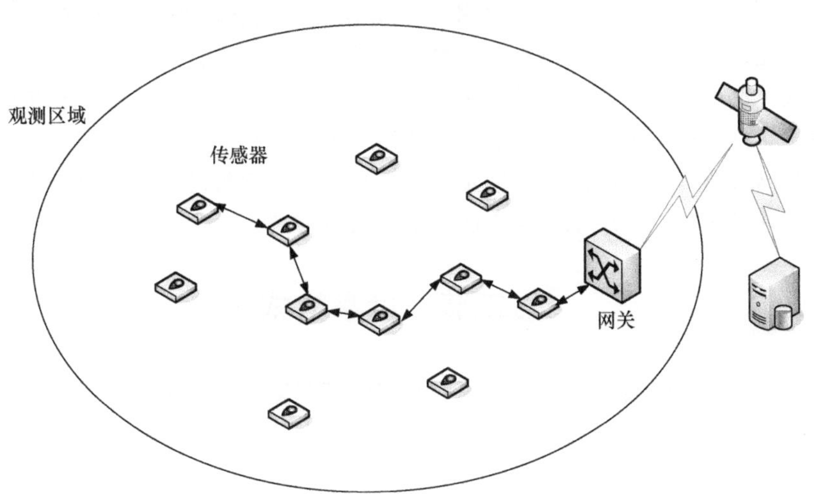

图2-1　无线传感器网络通信体系结构

很多学者在无线传感器网络定位方面[1,16-18]做了大量的研究。定位算法是根据一些节点的位置和节点间的度量，如通过距离、到达角或连通性估计节点的位置。目前，针对无线网络已有大量的定位算法，如基于GPS和雷达的定位算法。大多数定位算法都以提高定位精度为目标，而现实是为成本考虑无线传感器节点是只有有限计算能力的低成本硬件设备。因此，定位算法必须考虑在成本、尺寸、能耗、计算能力、精度之间寻求平衡，这极大地限制了它们的使用。现有无线传感器网络的节点定位算法常见分类方法如下。

第一种分类方法为基于测距（Range-based）和免于测距（Range-free）方法。一方面，基于测距方法是通过测量节点间距离或角度获得节点间的信息；另一方面，免于测距方法是基于相邻节点的连通性。免于测距比基于测距精度差，但方法简单、代价低。

第二种分类方法为集中式算法和分布式算法。集中式算法有一个中央节点负责收集网络信息并估计所有节点的位置；分布式算法，即每个节点负责估计自己的位置，必要计算被分布到整个网络。

第三种分类方法为合作式算法和非合作式算法。如果定位算法提供绝对位置，传感器网络中必须有锚节点（或称为信标节点，即通过 GPS 或人工配置等方法已知自己位置的节点），非合作式算法指的是待定位节点在定位过程中只与锚节点建立通信。换言之，待定位节点只从锚节点获取定位信息。合作式算法，待定位节点不仅从锚节点获取定位信息，而且也从其他待定位节点获取定位信息。

第四种分类方法为迭代算法和闭式算法。因为传感器数量大而且资源有限，因此计算复杂度在定位算法中扮演着重要角色。迭代算法在复杂非线性代价函数优化中起着非常重要的作用，但是传感器节点定位的高维性和传感器节点能量与计算能力的有限性使之很难初始化和易于得到局部收敛解。闭式算法不会有以上迭代算法的问题，但是闭式算法一般要求传感器节点具有很好的布局，尤其是锚节点，这也是本书研究的主要目的之一。

第二节　度量方式

无线传感器网络节点定位依赖节点间的某些度量。为了确定一个传感器节点的位置，第一步也是最基本的一步，就是确定节点与其邻居节点的距离、角度或连通性。

一、基于测距

根据不同的信号测量方式，获得距离估计主要有以下几种方法。

（一）到达时间（Time of Arrival，TOA）

TOA 等于传播时间加发射节点和接收节点之间的传播时延，反映的是节点间的距离[1]。因此，假设传播速度为常数，很容易就获得一个估计距离。

传播速度依赖信号类型，对于声波信号 1ms 代表 0.3m，对于射频信号 1ns 代表 0.3m。

影响 TOA 度量的主要误差来源是噪声和多径信号。此外，影响 TOA 度量的另一个限制是节点时间同步。维护整个网络的时钟同步本身就是一个难题。当通信距离在 3～6m 范围内时，误差可以达到 2%[19]。

（二）到达时间差（Time Difference of Arrival，TDOA）

时钟同步作为 TOA 度量的一个重要劣势，极大地限制了它在无线传感器网络中的应用。为了回避整个网络时钟同步，提出了 TDOA 方法。TDOA 基于两种不同的思想[17]。

第一种 TDOA 方法[20]基于一个发射节点发射的信号在两个接收节点的 TDOA。这种方法假设接收节点位置已知，并且两个接收节点是时钟同步的。它不需要整个网络时钟同步，只需要接收节点时钟同步。当然，也可以认为是两个时钟同步的发射节点和一个接收节点。

第二种 TDOA 方法发射节点采用两种不同的发射信号到达接收节点的时间差[21]。这种 TDOA 方法根据发射两种不同传播速度的信号计算两个节点间的距离。图 2-2 所示可得节点间距离为

$$|ab| = [(t'_b - t_b) - (t'_a - t_a)]\left(\frac{v_1 v_2}{v_1 - v_2}\right) \tag{2-1}$$

该种方法避免了网络节点的时钟同步。

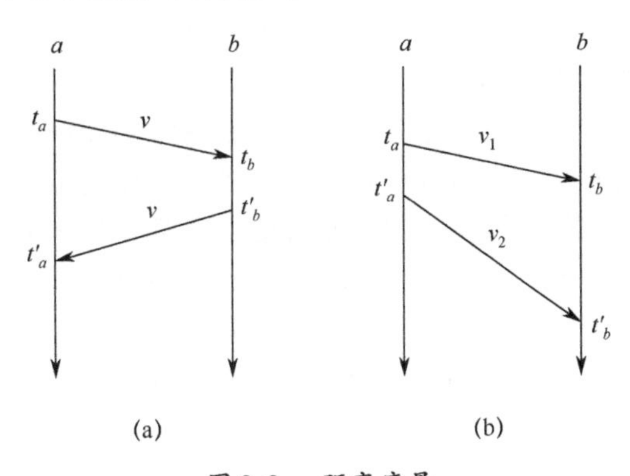

图 2-2　距离度量

第一种方法由于需要终端时钟同步，比较适合于蜂窝网。在这种网络，基站位置已知，时钟同步比较容易实现，能够作为接收节点估计 TDOA。第二种方法更适合于无线传感器网络。在文献［21］中显示，距离估计的平均误差为 8～28cm。而且，与 TOA 相比[9]，能够获得更好的精度，但是需要在每个

节点安装至少两种不同类型的信号发射器和接收器。

（三）往返到达时间（Round-trip Time of Arrival，RTOA）

根据前面的讨论，传感器节点是简单低功率设备。所以，应用到这些设备的任何算法都受到严格限制。前面的 TOA 方法获得很好的距离估计，但是让整个传感器网络时钟同步，增加了整个传感器网络的代价。为了利用时间度量高精度的同时又没有太高的代价，文献［22］给出了 RTOA 方法，避免了 TOA 和第一种 TDOA 方法的时钟同步要求及第二种 TDOA 方法附加的硬件。首先，节点 a 发送一数据包给节点 b，当节点 b 接收到数据包又转发给节点 a；最后，节点 a 接收到数据包；因为节点 a 接收时间和发送时间的时间差是传输时间的 2 倍加上在节点 b 的处理时间，所以我们可以计算出单行传输时间，进而计算出节点间距离为

$$|ab| = \frac{[(t'_a - t_a) - (t'_b - t_b)]v}{2} \tag{2-2}$$

RTOA 最大的优势是避免了时钟同步和增加附加的硬件，然而为了获得传输时间，必须进行双行传输；接收和重传的时间延迟并不完全已知，导致距离度量产生错误。在文献［22］中，数值试验显示在不同的试验配置下，均方根误差（RMS）为 75cm～2.51m。可以看出，RTOA 的精度比 TOA 和 TDOA 要差。尽管不需要附加的硬件和时钟同步，但是该技巧为了估计节点间的距离需要交换更多的数据包。

（四）接收信号强度（Received Signal Strength，RSS）

RSS 是传感器节点接收到的功率度量[23]。这种度量可以是射频（RF）、声音或其他种类信号。因此，这些度量可以在通常的传输信号中完成测量，不需要专门为测量信号增加带宽或附加测量设备而增加能量消耗。由此可知，相对于基于 TOA 和后面要提到的 AOA 方法是一种简单而且代价低的度量方法。

但是，通过 RSS 获得的距离估计容易产生大量的错误。阴影效应和多径效应是其主要的错误来源，这两种效应在实际信道中是客观存在的，并且由所处环境决定。这两种效应使得 RSS 度量很难建立相关模型进行描述。

通常，基于 RSS 的距离估计采用电磁波传播路径损耗模型。该模型假设功率衰减和距离成正比，即与 $\frac{1}{d^{\alpha}}$ 成正比，其中 α 为路径损耗系数。为了包含阴影效应，将接收功率表示为对数正态变量，即

$$P_{R_x}(\text{dBm}) = P_0(\text{dBm}) - 10\alpha \lg d - v_i \tag{2-3}$$

式中：P_0 为参照距离接收的功率（通常为 1m）；v_i 为阴影效应引起的零均值方差是 σ_{dB}^2 的高斯噪声（dBs）。

采用对数正态模型主要是基于文献［24］提供的试验结果以及文献［25］理论分析得出的结论。文献［26］给出了一些关于精度方面的一些结论。作者利用 TelosB 节点做了大量的试验。发现距离为 1 ~ 8m 时，测距的平均误差为 2. 25m。相对于基于时间的距离估计，基于 RSS 的估计精度较差。但是，距离估计的精度可以通过更加精确的传播模型而改进。

（五）接收信号强度差（Received Signal Strength Difference，RSSD）

在式（2-3）中，为了确定两点间的距离，不仅需要知道接收功率，还需要知道发射功率，但是有时发射功率是未知的，这样两节点的距离就无法确定。接收节点可以确定两个发射节点的信号强度差，而其依赖于两个发射节点的距离差，从而类似第一种 TDOA 方法可以确定传感器节点的位置，但是其和 RSS 方法同样具有较差的定位精度。路径损耗系数有时也是需要估计的。

（六）到达角（Angle of Arrival，AOA）

与基于时间和 RSS 度量估计距离不同，AOA 估计邻居节点传输信号的 AOA[27]。文献［27］中提出了估计 AOA 的两种方法。第一种方法，也是常用的一种方法，利用传感器阵列采用阵列信号处理技术估计 AOA。每个节点需要至少两个已知位置的传感器。如果感知信号是声音，这些传感器为话筒；如果感知信号是 RF 信号，传感器为天线。不过，角度估计都采用同样的原理，即时间延迟估计。文献［28］给出了一种基于天线阵列求 AOA 的新方法，它包含两个阶段。第一个阶段，锚节点传输它们的位置和一个短全向脉冲；利用波束形成技巧，锚节点也传输定向信标信号，锚节点每 Ts 以常数角度 $\Delta\beta$ 旋转并发射信标信号。传感器必须注册第一个全向信号和最大信标信号功率。这个时间差 Δt 可以用来估计 AOA，即

$$\beta = \Delta\beta \frac{\Delta t}{T} \tag{2-4}$$

在 50m × 50m 的试验区域，均匀放置 6 个锚节点和 100 个未定位节点，文献［28］中试验得到平均定位误差为 2m。增加一个锚节点可以使得均方根误差小于 1. 5m。

在文献［18，29］中，定向天线阵列的 RSS 度量也用来估计 AOA。

AOA 度量经常应用于基于三角的定位算法。利用和参照节点的角度估计节点的位置。

（七）到达角度差（Angle Difference of Arrival，ADOA）

类似于 TDOA，如果无线传感器节点参照方向（法向）未知（如没有安装数字罗盘无法确定参照方向），接收节点无法确定发射节点相对某一个确定参照方向的 AOA，但是它可以确定两个发射节点的 ADOA 差。我们可以利用

ADOA 确定无线传感器节点的位置。

二、免于测距

免于测距方法基于节点间的连通信息实现定位，连通信息表示的是节点的通信范围内有多少个节点。在后面章节我们可以看到通过它可以得到节点间的距离估计。这是一种定位算法能够用到的最简单的度量，因为它只需要判断一个节点是否能和邻居节点连通，直接避免了测距的复杂性。

连通信息通常由 RSS 度量获得。任何节点接收一个 RSS 度量若超过某一个给定的阈值，则被认为是与发送节点连通的，而接收数据包与发射数据包之比超过一定值则被认为是在另一个节点的通信覆盖范围之内。

第三节　网络定位理论：定位和固定理论

第二节讨论的度量信息，其实都可以转化为距离信息，如果距离信息足够多，我们就可以定位所有的传感器节点。在二维情况下，存在至少 3 个不共线的锚节点，就可以确定其绝对位置。但是，实际情况可能是在无线传感器网络有限度量条件下，有很多节点的位置不能唯一确定。问题是在什么情况下，无线传感器网络定位问题是可以解决的（每一个节点有唯一位置解）。无线传感器网络定位唯一可解性问题与数学学科的固定理论[30]密切相关。现在已有很多学术成果应用于无线传感器网络定位领域[31-32]。文献［31-32］给出了以下定理作为可定位网络的条件。

定理 2.1[31-32]　对于 $R^d(d=1,2,3)$ 维网络，确定位置至少需要 $d+1$ 个锚节点，网络可以定位的充要条件是网络图为全局固定的。

下面给出全局固定的粗糙定义。考虑一个网络图的点以及对应边的距离约束。如果不存在其他点和该网络图保持对应边的相同距离约束，称为全局固定。如图 2-3 所示，是在二维平面的非全局固定和全局固定的示例。

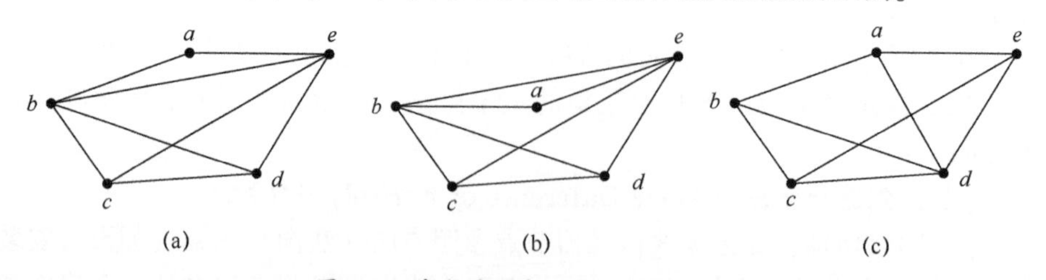

图 2-3　非全局固定图和全局固定图

（a）非全局固定图；（b）非全局固定图另一种形式；（c）全局固定图。

固定理论给出了多项式时间算法检查一个网络图是否全局固定。下面定理分别给出了在二维平面时的充要条件。

定理 2.2[34]　二维空间节点数 $n \geqslant 4$ 的网络图是全局固定的充要条件，并且网络图为固定冗余的同时是三连通的。

这里的固定冗余是指删除任何一条边它还是全局固定的。为了测试全局固定，可以使用下面的定理。

定理 2.3[35]　在 R^2 中，一个有 n 个顶点和 $2n-3$ 条边的图是全局固定的充要条件是没有超过 $2n'-3$ 条边的子图，其中 n' 为子图的顶点数。

上面的两个定理只适用于二维空间，不适用于更高维空间。

第四节　定位的 CRB

传感器节点的定位质量依赖很多因素，包含使用的度量类型、度量噪声分布、传感器节点位置的几何特性、节点连通性、节点位置的先验信息和采用的估计算法。传感器节点定位其实就是一个参数估计问题，可以用 CRB（Cramer Rao Bounds）评估其定位性能。该方法给我们提供了一个判断定位算法在不同网络特征（如噪声水平、节点连通性、度量类型）下的基准。显然，对于一个给定的度量类型，较低的噪声水平导致较好的位置估计。但是，对于不同的度量类型不能直接比较。例如，基于声波 TOA 系统的 TOA 标准差 $\sigma_t = 1\text{ ms}$，或基于射频 AOA 系统的 AOA 标准差 $\sigma_\theta = 3°$，就很难评价哪个系统定位效果好。但是如果它们都达到了各自的 CRB 下界，就可以认为两个系统定位效果同样好。

给定一个参数矢量 $\boldsymbol{\theta}$，CRB 给出了任何一个无偏估计 $\hat{\boldsymbol{\theta}}$ 误差协方差矩阵的下界，即

$$E[(\hat{\boldsymbol{\theta}}-\boldsymbol{\theta})(\hat{\boldsymbol{\theta}}-\boldsymbol{\theta})^{\mathrm{T}}] \geqslant \boldsymbol{\Sigma}_{\mathrm{CRB}} = \boldsymbol{J}^{-1} \tag{2-5}$$

式中：$\boldsymbol{J}$ 称为 FIM（Fisher Information Matrix），对于矩阵 $\boldsymbol{A}$、$\boldsymbol{B}$，$\boldsymbol{A} \geqslant \boldsymbol{B}$ 的意思是 $\boldsymbol{A}-\boldsymbol{B}$ 是半正定的。FIM[36] 由下式给出，即

$$J(s) = E\left\{\left[\frac{\partial}{\partial \boldsymbol{\theta}}\ln f_Z(\boldsymbol{z};\boldsymbol{\theta})\right]\left[\frac{\partial}{\partial \boldsymbol{\theta}}\ln f_Z(\boldsymbol{z};\boldsymbol{\theta})\right]^{\mathrm{T}}\right\} \tag{2-6}$$

式中：$f_Z(\boldsymbol{z};\boldsymbol{\theta})$ 为依赖于参数矢量 $\boldsymbol{\theta}$ 的度量矢量 z 的概率密度函数。

度量矢量模型可以表示为

$$\boldsymbol{z} = \boldsymbol{\mu}(\boldsymbol{\theta}) + \boldsymbol{\eta} \in \boldsymbol{R}^M \tag{2-7}$$

式中：$\boldsymbol{\mu}$ 是由真正的度量矢量 $\boldsymbol{\theta} \in \boldsymbol{R}^N$ 确定的度量矢量；$\boldsymbol{\eta}$ 为度量噪声矢量。

下面，给出以上提到的度量类型在高斯噪声假设条件下的 FIM 和 CRB，即

$$\boldsymbol{\eta} \sim N(0,\boldsymbol{\Sigma}_\eta) \tag{2-8}$$

对于高斯噪声，FIM 可表示为

$$\boldsymbol{J} = \frac{\partial \boldsymbol{\mu}^{\mathrm{T}}(\boldsymbol{\theta})}{\partial \boldsymbol{\theta}} \boldsymbol{\Sigma}_\eta^{-1} \frac{\partial \boldsymbol{\mu}(\boldsymbol{\theta})}{\partial \boldsymbol{\theta}^{\mathrm{T}}} \tag{2-9}$$

$$= \boldsymbol{G}^{\mathrm{T}} \boldsymbol{\Sigma}_\eta^{-1} \boldsymbol{G} \tag{2-10}$$

式中：$\boldsymbol{G} = \partial \boldsymbol{\mu}(\boldsymbol{\theta}) / \partial \boldsymbol{\theta}^{\mathrm{T}}$ 是度量矢量 $\boldsymbol{\mu}(\boldsymbol{\theta}) \in \boldsymbol{R}^M$ 的 $M \times N$ 维雅可比矩阵。

后面的章节首先根据不同的度量类型计算雅可比矩阵 $\boldsymbol{G}$；然后根据式（2-10）得到相应度量类型的 FIM。

一、TOA 以及第一种 TDOA 的 CRB 分析

令 P 为 M 个度量对应的传感器节点序对构成的集合，也就是说，如果节点 r 接收到传感器节点 t 一个度量信号（$(r,t) \in P$），令 $P(m) = (r_m, t_m) \in (1,2,\cdots,S)^2$ 表示第 m 个序对，其中 $1 \leqslant m \leqslant M$。

对于 TOA，第 m 个度量为 $\mu(\theta)_m = \tau_{t_m} + \| \boldsymbol{p}_{t_m} - \boldsymbol{p}_{r_m} \| / c$，$\boldsymbol{p}_{t_m}$ 表示节点 t_m 的坐标矢量，$\| \boldsymbol{p}_{t_m} - \boldsymbol{p}_{r_m} \|$ 表示节点 t_m 和 r_m 之间的欧几里得距离，并且参数矢量为全体 S 个传感器的坐标，即

$$\boldsymbol{\theta} = [x_1,\cdots,x_S,y_1,\cdots,y_S]^{\mathrm{T}} \in \boldsymbol{R}^N, N = 2S \tag{2-11}$$

上面的 (m,n) 元素对应的是第 m 个度量对第 n 个参数的偏微分，计算公式为

$$G_{m,n}^{\mathrm{TOA}} = \frac{1}{c \| \boldsymbol{p}_{t_m} - \boldsymbol{p}_{r_m} \|} \times \begin{cases} -(x_{t_m} - x_{r_m}), & n = r_m \\ (x_{t_m} - x_{r_m}), & n = t_m \\ -(y_{t_m} - y_{r_m}), & n = S + r_m \\ (y_{t_m} - y_{r_m}), & n = S + t_m \\ 0, & \text{其他} \end{cases} \tag{2-12}$$

TOA 的 FIM 为 $\boldsymbol{J}^{\mathrm{TOA}} = (\boldsymbol{G}^{\mathrm{TOA}})^{\mathrm{T}} \boldsymbol{\Sigma}_\eta^{-1} (\boldsymbol{G}^{\mathrm{TOA}})$，相应的 $\mathrm{CRB} = (\boldsymbol{J}^{\mathrm{TOA}})^{-1}$。如果度量的不是 TOA 而是距离，只需要将传播速度设为 $c = 1$ 即可。

当度量的是第一种 TDOA 时，与 TOA 度量保持不变。但是，现在发射时间变为未知，参数矢量变为

$$\boldsymbol{\theta} = [x_1,\cdots,x_S,y_1,\cdots,y_S,\tau_1,\cdots,\tau_S]^{\mathrm{T}} \in \boldsymbol{R}^N (N = 3S) \tag{2-13}$$

雅可比矩阵变为

$$\boldsymbol{G}^{\mathrm{TDOA}} = [\boldsymbol{G}^{\mathrm{TOA}}, \boldsymbol{T}] \tag{2-14}$$

式中：$\boldsymbol{T} \in \{0,1\}^{(M,S)}$ 的第 m 行 t_m 位置为 1，否则全为 0。

二、RSS、RSSD 的 CRB 分析

度量为 RSS，第 m 个度量 $\boldsymbol{\mu}(\boldsymbol{\theta})_m = \boldsymbol{p}_{t_m} - \boldsymbol{L}_{d_0} - 10\alpha \lg(\|\boldsymbol{p}_{t_m} - \boldsymbol{p}_{r_m}\|/d_0)$ 的参数矢量为

$$\boldsymbol{\theta} = [x_1, \cdots, x_S, y_1, \cdots, y_S]^{\mathrm{T}} \in \boldsymbol{R}^N,\ N = 2S \tag{2-15}$$

雅可比矩阵的第 m,n 个元素为

$$G_{m,n}^{\mathrm{RSS}} = \frac{10\alpha}{\ln(10)\ \|\boldsymbol{p}_{t_m} - \boldsymbol{p}_{r_m}\|^2} \times \begin{cases} (x_{t_m} - x_{r_m}), & n = r_m \\ -(x_{t_m} - x_{r_m}), & n = t_m \\ (y_{t_m} - y_{r_m}), & n = S + r_m \\ -(y_{t_m} - y_{r_m}), & n = S + t_m \\ 0, & \text{其他} \end{cases} \tag{2-16}$$

对于 RSSD，传输功率 $\{P_t\}$ 未知，参数矢量变为

$$\boldsymbol{\theta} = [x_1, \cdots, x_S, y_1, \cdots, y_S, P_1, \cdots, P_S]^{\mathrm{T}} \in \boldsymbol{R}^N,\ N = 3S \tag{2-17}$$

雅可比矩阵变为

$$\boldsymbol{G}^{\mathrm{RSSD}} = [\boldsymbol{G}^{\mathrm{RSS}}, \boldsymbol{T}] \tag{2-18}$$

式中：矩阵 $\boldsymbol{T}$ 和上一小节的涵义相同。

我们知道，在通信中，较大的路径损失指数 α 是不受欢迎的，因为这会减少通信距离。但是，由式（2-16）可以看出，定位会因为较大的路径损失指数 α 而改善，这是因为接收信号强度会随着 α 的增大而对传输距离越来越敏感。但是，较大的路径损失指数 α 对定位来说也是一个缺点，随着加大的信号衰减，信噪比的减少，传感器的连通度会减少，从而降低定位性能。

三、AOA、ADOA 的 CRB 分析

当度量为 AOA 时，第 m 个度量为 $\boldsymbol{\mu}(\boldsymbol{\theta})_m = \angle(\boldsymbol{p}_{t_m}, \boldsymbol{p}_{r_m}) - \boldsymbol{\gamma}_{r_m}$，参数矢量为

$$\boldsymbol{\theta} = [x_1, \cdots, x_S, y_1, \cdots, y_S]^{\mathrm{T}} \in \boldsymbol{R}^N,\ N = 2S \tag{2-19}$$

雅可比矩阵的第 (m,n) 个元素为

$$G_{m,n}^{\mathrm{AOA}} = \frac{1}{\|\boldsymbol{p}_{t_m} - \boldsymbol{p}_{r_m}\|^2} \times \begin{cases} (y_{t_m} - y_{r_m}), & n = r_m \\ -(y_{t_m} - y_{r_m}), & n = t_m \\ -(x_{t_m} - x_{r_m}), & n = S + r_m \\ (x_{t_m} - x_{r_m}), & n = S + t_m \\ 0, & \text{其他} \end{cases} \tag{2-20}$$

对于ADOA，与AOA度量保持不变，参数矢量增加传感器参照方向（法向），即

$$\boldsymbol{\theta} = [x_1, \cdots, x_S, y_1, \cdots, y_S, \gamma_1, \cdots, \gamma_S]^{\mathrm{T}} \in \boldsymbol{R}^N (N = 3S) \tag{2-21}$$

雅可比矩阵变为

$$\boldsymbol{G}^{\mathrm{ADOA}} = [\boldsymbol{G}^{\mathrm{AOA}}, \boldsymbol{R}] \tag{2-22}$$

式中：$\boldsymbol{R} \in \{0, -1\}^{(M,S)}$ 的第 m 行 r_m 位置为 -1，其他全为0。

如果整个传感器网络做平移、旋转等刚体变换，传感器节点间度量是不变的。也就是说，传感器节点间的度量只提供了传感器网络的相对形状而不能提供它的绝对位置和方位信息。从理论角度来说，θ 中的绝对位置参数不能被唯一估计，这就导致FIM是奇异的。为了消除这种情况，必须提供附加信息。最常见的方法是在整个传感器网络中增加一些锚节点，锚节点只是参数约束的一种形式。当然，也可以用其他的参数约束，只要能解决绝对定位的歧义性即可。在文献[37]给出对CRB的约束的一般形式，并在文献[38]中考虑了相应的定位问题。

CRB在设计定位系统时对各种参数的折中来说是一个有效的工具。不仅如此，它还可以评估同时使用多种度量类型的定位系统。显然，两种类型的度量给出的信息至少比一种度量给出的信息要多，估计性能也会得到改善；但是，性能改善与所要附加的硬件以及必要的通信代价和估计的复杂性相比到底值不值，通过FIM分析我们就可以评估其效能。当两种度量统计独立时，对应的FIM分别为 $\boldsymbol{J}_1$ 和 $\boldsymbol{J}_2$，有

$$\boldsymbol{J}_{\mathrm{total}} = \boldsymbol{J}_1 + \boldsymbol{J}_2 \tag{2-23}$$

并且两种度量的CRB为 $\boldsymbol{J}_{\mathrm{total}}^{-1}$。

第五节　常见定位算法

一、多边测量法

已知多个锚节点 $A_i(x_i, y_i)(i = 1, 2, \cdots, n)$ 到未知节点 $S(x, y)$ 的距离分别为 $d_i(i = 1, 2, \cdots, n)$，则

$$\begin{cases} (x - x_1)^2 + (y - y_1)^2 = d_1^2 \\ (x - x_2)^2 + (y - y_2)^2 = d_2^2 \\ \qquad\vdots \\ (x - x_n)^2 + (y - y_n)^2 = d_n^2 \end{cases} \tag{2-24}$$

式（2-24）的各个方程分别减去最后一个方程，得

$$\begin{cases} x_1^2 - x_n^2 - 2(x_1 - x_n)x + y_1^2 - y_n^2 - 2(y_1 - y_n)y = d_1^2 - d_n^2 \\ x_2^2 - x_n^2 - 2(x_2 - x_n)x + y_2^2 - y_n^2 - 2(y_2 - y_n)y = d_2^2 - d_n^2 \\ \vdots \\ x_{n-1}^2 - x_n^2 - 2(x_{n-1} - x_n)x + y_{n-1}^2 - y_n^2 - 2(y_{n-1} - y_n)y = d_{n-1}^2 - d_n^2 \end{cases} \tag{2-25}$$

式（2-25）可以表示为矩阵方程的形式，即

$$AX = b \tag{2-26}$$

其中

$$A = \begin{bmatrix} 2(x_1 - x_n) & 2(y_1 - y_n) \\ 2(x_2 - x_n) & 2(y_2 - y_n) \\ \vdots & \vdots \\ 2(x_{n-1} - x_n) & 2(y_{n-1} - y_n) \end{bmatrix}, X = \begin{bmatrix} x \\ y \end{bmatrix}, b = \begin{bmatrix} x_1^2 - x_n^2 + y_1^2 - y_n^2 - d_1^2 + d_n^2 \\ x_2^2 - x_n^2 + y_2^2 - y_n^2 - d_2^2 + d_n^2 \\ \vdots \\ x_{n-1}^2 - x_n^2 + y_{n-1}^2 - y_n^2 - d_{n-1}^2 + d_n^2 \end{bmatrix} \tag{2-27}$$

再利用最小二乘法（LS），可得到节点 S 的坐标为

$$\hat{X} = (A^{\mathrm{T}}A)^{-1}A^{\mathrm{T}}b \tag{2-28}$$

当锚节点个数为 3 时，就是典型的三边法。

根据前面定位算法的分类方法，它属于基于测距、分布式、闭式算法该算法没有考虑噪声对定位精度的影响，一般情况下误差较大。

二、三角测量法

已知三点 $A(x_a, y_a)$、$B(x_b, y_b)$、$C(x_c, y_c)$ 以及到未知节点 $D(x, y)$ 的夹角分别为 $\angle ADB$、$\angle BDC$、$\angle CDA$，如图 2-4 所示，点 A、B 到未知节点 D 的夹角为 $\angle ADB$，则能确定一个圆，圆心为 $O_{ab}(x_{ab}, y_{ab})$，半径为 r_{ab}，则

$$\begin{cases} \sqrt{(x_{ab} - x_a)^2 + (y_{ab} - y_a)^2} = r_{ab} \\ \sqrt{(x_{ab} - x_b)^2 + (y_{ab} - y_b)^2} = r_{ab} \end{cases} \tag{2-29}$$

和

$$(x_a - x_b)^2 + (y_a - y_b)^2 = 2r_{ab}^2(1 - \cos 2\angle ADB) \tag{2-30}$$

将式（2-30）中解出的 r_{ab} 代入式（2-29）可求出 (x_{ab}, y_{ab})。同理，可以分别求出 $\angle BDC$、$\angle CDA$ 对应的半径和圆心。这时，已知 3 个圆心坐标和其与节点 D 的距离分别为 (x_{ab}, y_{ab})、(x_{bc}, y_{bc})、(x_{ca}, y_{ca})、r_{ab}、r_{bc}、r_{ca}。使用三边

测量法，可以求出未知节点 D 的坐标。

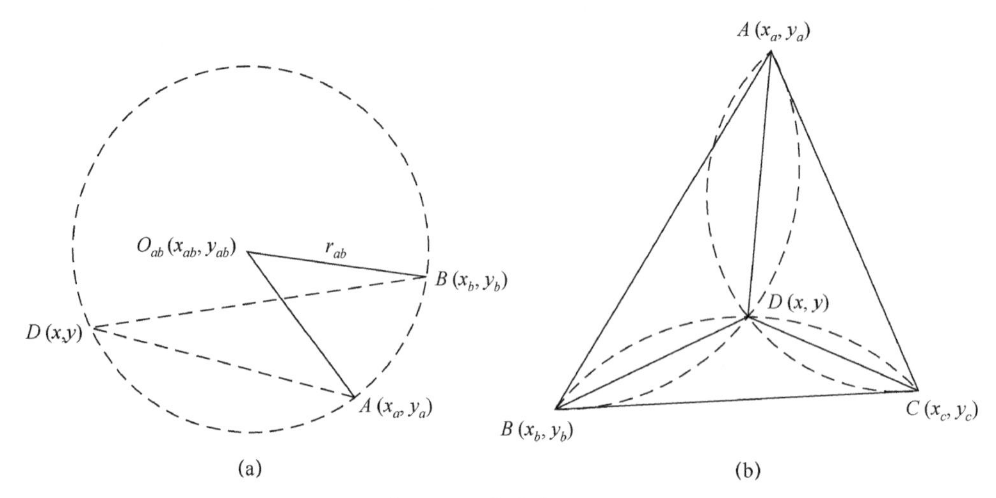

图 2-4 三角法定位原理

（a）由 $\angle AOB = 2\angle ADB$ 可以确定以 O 为圆心的圆；（b）三角法及三边法原理。

根据前面定位算法的分类方法，该定位算法属于基于测距、闭式、分布式、非合作式算法。该算法同样没有考虑噪声对定位精度的影响，一般情况下误差较大。

三、质心算法

现有文献中最简单的定位算法是质心算法[7-8]。算法非常简单，未定位节点监测有多少锚节点在其通信覆盖范围内。这些锚节点播报包含它们自己位置的信息，未定位节点从它通信距离覆盖范围内得到锚节点坐标（x_{ij}, y_{ij}）。根据这些信息，可得未定位节点的位置为

$$(x_i, y_i) = \left(\frac{\sum_{j=1}^{n} x_{ij}}{n}, \frac{\sum_{j=1}^{n} y_{ij}}{n}\right) \tag{2-31}$$

如果一个节点能够检测更多的锚节点，它就能得到更精确的位置估计。显然，这种质心算法是免于测距分布式定位算法。

如果能够得到节点和通信范围内锚节点间的距离，便得到如下加权质心定位算法[39]，即

$$(x_i, y_i) = \left(\frac{\sum_{j=1}^{n} w_{ij} x_{ij}}{\sum_{j=1}^{n} w_{ij}}, \frac{\sum_{j=1}^{n} w_{ij} y_{ij}}{\sum_{j=1}^{n} w_{ij}}\right) \tag{2-32}$$

其中

$$w_{ij} = \frac{1}{(d_{ij})^g} \tag{2-33}$$

式中：d_{ij} 为节点 i 和锚节点 j 之间的距离；g 为控制远端锚节点对位置估计的影响程度系数。

但是，质心算法要求锚节点的密度偏高，有时无法实现，Fitzpatrick 和 Meertens 给出了基于扩散的质心算法[40]如下。

（1）初始化所有的非锚节点位置为（0,0）。

（2）重复以下过程直至位置收敛：设每一个非锚节点为其全部邻居节点的平均位置。

这个变种算法比 Bulusu 等的算法要求较少的锚节点；当节点密度较低时，它的精度会很差。但是，当节点具有很小的计算能力时，这个算法非常有用。文献［41］说明了通过改变锚节点的拓扑（布置一些锚节点在传感器网络区域周边）可以改进定位的性能。

根据前面定位算法的分类方法，质心算法属于免于测距、闭式、分布式、非合作式算法。加权质心算法属于基于测距、闭式、分布式、非合作式算法。基于扩散的质心算法属于免于测距、迭代、分布式、合作式算法。

四、Bounding Box 算法

Bounding Box 算法[9]是一个在给定与一些锚节点距离的基础上，计算过程简单的定位算法。由图 2-5 可以看出，每个节点假设它位于锚节点构成的 Bounding Box 交集中。对锚节点 b，Bounding Box 是以锚节点位置（x_b, y_b）为中心高和宽都为 $2d_b$，其中 d_b 为节点至锚节点的距离。Bounding Box 的交集可以使用如下简单的方式计算，即

$$\left[\max_{1\leqslant i\leqslant n}(x_i - d_i), \min_{1\leqslant i\leqslant n}(x_i + d_i)\right] \times \left[\max_{1\leqslant i\leqslant n}(y_i - d_i), \min_{1\leqslant i\leqslant n}(y_i + d_i)\right] \tag{2-34}$$

节点位置就是如图 2-5 所示的最终 Bounding Box 的中心位置。

文献［18］分析了该算法的其中一个版本，发现其特别容易受到距离噪声的影响，特别是误差会经过传播而扩大。当节点实际位置靠近锚节点时，Bounding Box 算法精确度较好。Simic 和 Sastry[42]给出并证明了其收敛性、误差和复杂度。

Bounding Box 算法的最大优势是计算简便，这是其他算法所无法比拟的。Bounding Box 算法属于基于测距、闭式、分布式、非合作式算法。

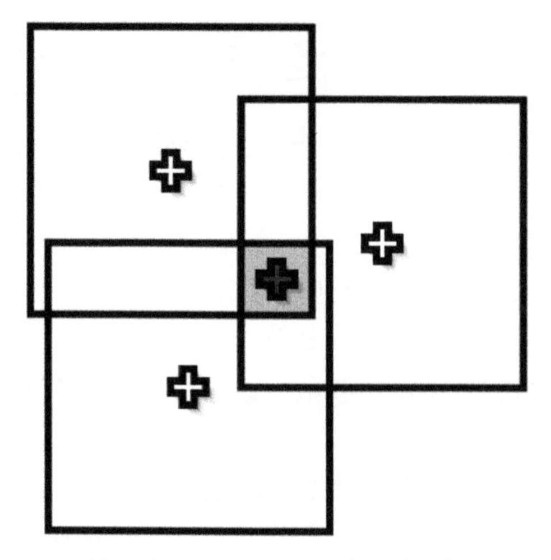

图 2-5 Bounding Box 算法示意图

五、Amorphous 算法

Amorphous 算法[10]由麻省理工学院 Radhika Nagpal 提出。设传感器节点 i 的邻居节点集合为 $N(i)$，同时节点到一锚节点的最小跳数为 h_i，则该节点的梯度 g_i 定义为

$$g_i = \frac{h_i + \sum_{j \in N(i)} h_j}{1 + |N(i)|} - 0.5 \tag{2-35}$$

$$\hat{c} = r\left(1 + \mathrm{e}^{-N} - \int_{-1}^{1} \mathrm{e}^{-\frac{N}{\pi}(\arccos t - t\sqrt{1-t^2})}\mathrm{d}t\right) \tag{2-36}$$

式中：N 为节点的平均连通度；r 为最大无线通信半径。

该算法假设传感器网络节点均匀分布，则可使用式（2-36）离线计算全局平均跳距。根据式（2-35）、式（2-36），可以确定节点 i 至锚节点的距离为

$$d_i = g_i\hat{c} \tag{2-37}$$

若已知超过 3 个锚节点梯度后，可以利用多边法计算节点位置。该算法有 3 个缺点：一是需要知道平均连通度；二是需要节点密度高；三是锚节点分布要均匀。

根据前面定位算法的分类方法，Amorphous 算法属于免于测距、基于闭式、分布式、合作式算法。

六、DV-HOP 算法

DV-HOP 算法[11]也是一种基于连通性的定位算法。尽管 DV-HOP 算法比质心法复杂，但是比质心法却精确得多。

DV-HOP 算法步骤如下。首先，全部节点发送一个播报消息。消息包含它们邻居节点（锚节点或未定位节点）的相关信息。根据这个信息，每一个未定位节点构造到达每一个锚节点所有可能路径的表，然后选择跳数最少的路径。一旦有了这些跳数距离，锚节点就向邻居播报每跳平均距离（如下式所示，可由一个锚节点接收另一个锚节点的消息得到，(x_i, y_i) 为锚节点 i 的位置坐标，h_j 为锚节点 i 和 j 之间的最小跳数）。然后，根据平均单跳距离将最少数目的跳数路径转化为未知节点到各锚节点的实际距离，利用三边或多边方法估计传感器节点位置，即

$$\text{HopSize}_i = \frac{\sum_{j \neq i} \sqrt{(x_i - x_j)^2 + (y_i - y_j)^2}}{\sum_{j \neq i} h_j} \tag{2-38}$$

相对于质心算法，定位精度不仅依赖于与锚节点的连通度，而且依赖于与普通节点的连通度。因此，可以在相对较低的锚节点密度条件下达到相似的精度，即缩减了网络成本。

根据前面定位算法的分类方法，DV-HOP 算法属于免于测距、基于闭式、分布式、合作式算法。

七、DV-Distance 算法

DV-Distance[12]算法与 DV-HOP 算法所不同的是利用距离矢量路由的策略传播累计距离。未知节点获得不少于 3 个锚节点的距离后使用多边测量法定位。

八、Euclidean 算法

Euclidean 算法[43]是在假设节点具有测距能力的前提下给出计算锚节点与相隔两跳节点距离的定位算法。锚节点起初广播一个包含自身位置和 ID 的信标信号，当一个未知节点可从两个已知与锚节点距离和相互距离的节点处收到信标信号，便可求出与该锚节点的距离。当未知节点获得超过 3 个锚节点距离后可用多边测距法定位。图 2-6 所示节点 L 为锚节点，当四边形 $ABLC$ 的 4 条边边长已知，其中一条对角线 BC 长度已知，则

$$\cos\alpha = \frac{AB^2 - AC^2 - BC^2}{2 \cdot AC \cdot BC},\ \cos\beta = \frac{BL^2 - BC^2 - CL^2}{2 \cdot CL \cdot BC} \tag{2-39}$$

$$AL^2 = AC^2 + CL^2 - 2 \cdot AC \cdot CL\cos(\beta \pm \alpha) \tag{2-40}$$

由此可以看出, AL 有两种可能性，即 A 有可能在 BC 左边也可能在右边，可以考虑多个类似于 BC 的节点对以排除歧义性。

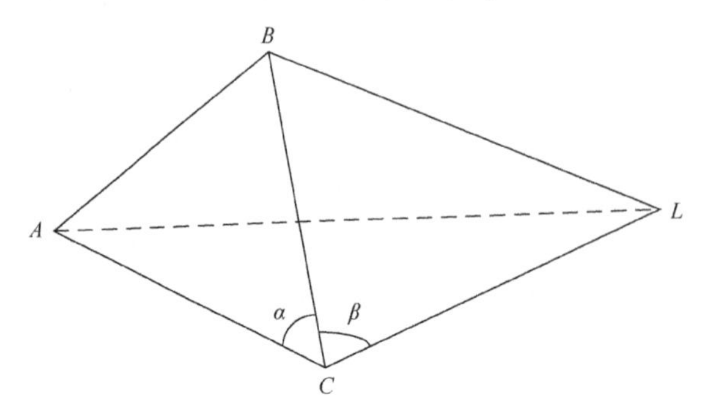

图 2-6 Euclidean 算法示意图

九、APIT 算法

APIT（Approximate Point In Triangle Test）算法[44]是一种免于测距方法。该算法基本分 4 个步骤：每一个节点尽可能多地接收锚节点的位置信息；给出所有可能的 3 个不同锚节点的组合并利用它们形成三角形；然后每个没有定位的节点确定自己是否在这些三角形内，如果在，选定它；最后通过计算所有选定的三角形的交集的质心确定未知节点的位置。那么，怎么判定节点是否在锚节点所确定的三角形内呢？由图 2-7 可以看出，如果存在一个方向，沿着这个方向 M 点同时远离或接近 A、B、C。那么, M 位于 ΔABC 外（图 2-7（b）), 否则, M 在 ΔABC 内。

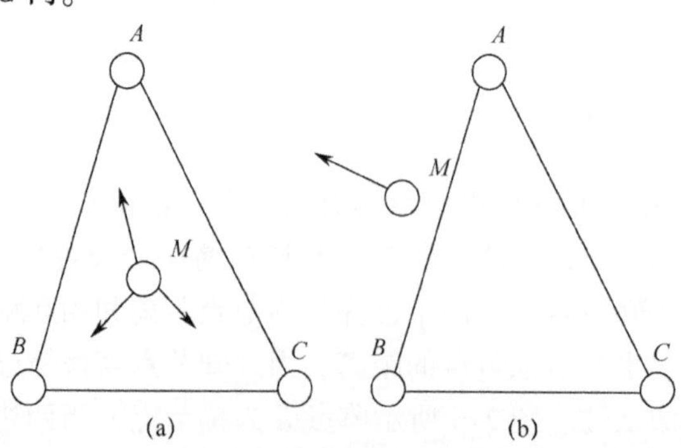

图 2-7 APIT 算法原理图

可以利用无线信号强度随距离增加而衰减的传播特性判断远离或接近锚节点，通过节点间相互交换信号强度模拟沿某个方向的移动，利用无线传感器网络较高的节点密度近似穷尽所有可能的方向。APIT 算法定位精度依赖锚节点的密度和具有长距离通信能力的锚节点。

十、MDS 算法

MDS（Multidimensional Scaling）方法[13]来源于统计学，是由项和项的相异性度量构造项的点配置。点与点间的欧几里得距离作为相异性度量可以用来构造点的位置。这里我们首先描述一种最实用的方法，即经典 MDS 方法——MDS-MAP[45-47]。

考虑点集 $\boldsymbol{p}_i \in \boldsymbol{R}^p (i = 1,2,\cdots,S)$ 和矩阵 $\boldsymbol{D}^{(2)}$，该矩阵由所有点间欧几里得距离的平方构成，即

$$\boldsymbol{D}_{i,j}^{(2)} = \| \boldsymbol{p}_i - \boldsymbol{p}_j \|^2 \tag{2-41}$$

令坐标矩阵 $\boldsymbol{P} \in \boldsymbol{R}^{S\times p}$，则

$$\boldsymbol{P} = \begin{bmatrix} \boldsymbol{p}_1^{\mathrm{T}} \\ \boldsymbol{p}_2^{\mathrm{T}} \\ \vdots \\ \boldsymbol{p}_S^{\mathrm{T}} \end{bmatrix} \tag{2-42}$$

并定义 $S \times S$ 内积矩阵 $\boldsymbol{B} = \boldsymbol{P}\boldsymbol{P}^{\mathrm{T}}$。由 $\boldsymbol{B}_{i,j} = \boldsymbol{p}_i^{\mathrm{T}}\boldsymbol{p}_j$ 建立 $\boldsymbol{D}^{(2)}$ 和 $\boldsymbol{B}$ 之间的关系为

$$\boldsymbol{D}_{i,j}^{(2)} = \boldsymbol{p}_i^{\mathrm{T}}\boldsymbol{p}_i + \boldsymbol{p}_j^{\mathrm{T}}\boldsymbol{p}_j - 2\boldsymbol{p}_i^{\mathrm{T}}\boldsymbol{p}_j = \boldsymbol{B}_{i,i} + \boldsymbol{B}_{j,j} - 2\boldsymbol{B}_{i,j} \tag{2-43}$$

则

$$\boldsymbol{D}^{(2)} = \boldsymbol{b}\boldsymbol{1}^{\mathrm{T}} + \boldsymbol{1}\boldsymbol{b}^{\mathrm{T}} - 2\boldsymbol{B} \tag{2-44}$$

式中：$\boldsymbol{b} = \mathrm{diag}(\boldsymbol{B})$ 为一个由矩阵 $\boldsymbol{B}$ 对角线元素构成的 $S \times 1$ 矢量；$\boldsymbol{1}$ 为一个元素全为 1 的 $S \times 1$ 矢量。

定义对称中心化矩阵 $\boldsymbol{J} = \boldsymbol{I} - (1/S)\boldsymbol{1}\,\boldsymbol{1}^{\mathrm{T}}$，可以看出 $\boldsymbol{JA}$ 为矩阵 $\boldsymbol{A}$ 减去列平均，称为列中心化，类似 $\boldsymbol{AJ}$ 称为行中心化。由以上讨论，可知下式成立，即

$$-\frac{1}{2}\boldsymbol{J}\boldsymbol{D}^{(2)}\boldsymbol{J} = -\frac{1}{2}\boldsymbol{J}(\boldsymbol{b}\,\boldsymbol{1}^{\mathrm{T}} + \boldsymbol{1}\boldsymbol{b}^{\mathrm{T}} - 2\boldsymbol{B})\boldsymbol{J} \tag{2-45}$$

$$= -\frac{1}{2}\boldsymbol{J}\boldsymbol{b}\,\boldsymbol{1}^{\mathrm{T}}\boldsymbol{J} - \frac{1}{2}\boldsymbol{J}\boldsymbol{1}\boldsymbol{b}^{\mathrm{T}}\boldsymbol{J} + (\boldsymbol{J}\boldsymbol{P})(\boldsymbol{J}\boldsymbol{P})^{\mathrm{T}} \tag{2-46}$$

$$= -\frac{1}{2}\boldsymbol{J}\boldsymbol{b}\boldsymbol{0}^{\mathrm{T}} - \frac{1}{2}\boldsymbol{0}\boldsymbol{b}^{\mathrm{T}}\boldsymbol{J} + \boldsymbol{P}_c\boldsymbol{P}_c^{\mathrm{T}} = \boldsymbol{B}_c \tag{2-47}$$

这里用到了一个基本事实，一全为 1 的行（列）中心化可以得到一个全为 0 的行（列）。其中 $\boldsymbol{P}_c$ 为中心化坐标矩阵，这样任何一个坐标分量平均值为 0，且 $\boldsymbol{B}_c$ 是其对应的内积矩阵，$\boldsymbol{B}_c = \boldsymbol{P}_c\boldsymbol{P}_c^{\mathrm{T}}$。

因此，给定一个距离平方矩阵 $\boldsymbol{D}^{(2)}$，令 $\boldsymbol{B}_c = -\frac{1}{2}\boldsymbol{J}\boldsymbol{D}^{(2)}\boldsymbol{J}$，将其进行特征分解得

$$\boldsymbol{B}_c = \boldsymbol{V}\boldsymbol{\Lambda}\boldsymbol{V}^{\mathrm{T}} = (\boldsymbol{V}\boldsymbol{\Lambda}^{1/2})(\boldsymbol{V}\boldsymbol{\Lambda}^{1/2})^{\mathrm{T}} = \hat{\boldsymbol{P}}_c\hat{\boldsymbol{P}}_c^{\mathrm{T}} \tag{2-48}$$

得到坐标矩阵 $\boldsymbol{P}$ 中心化的点估计 $\hat{\boldsymbol{P}}_c$。

MDS 的尺度运算通过限制 $\hat{\boldsymbol{P}}_c$ 的列数实现控制估计点的坐标维数，其可以通过限制构成 $\hat{\boldsymbol{P}}_c$ 的特征值、特征矢量对的数目来达到。假设按大小顺序排序的 $\boldsymbol{B}_c$ 的特征值为 $\lambda_1 \geqslant \cdots \geqslant \lambda_S$，对应的特征矢量为 $\{v_1,\cdots,v_S\}$，则对应的 k 维近似为

$$\hat{P}_c(k) = [v_1,\cdots,v_k]\mathrm{diag}(\lambda_1^{1/2},\cdots,\lambda_k^{1/2}) \tag{2-49}$$

在传感器定位问题中，二维平面 $k=2$，三维空间 $k=3$。下面，根据一些锚节点的绝对位置可以将节点相对位置转变成绝对位置，这个步骤一般采用 Procrustes Alignment 方法。这个过程使用旋转、平移、尺度变换使得变换后的锚节点位置尽量和已知锚节点位置一致。不失一般性，设有 K 个锚节点我们用前 K 个下标表示，令 $\hat{\boldsymbol{P}} = [\hat{x}_1,\hat{y}_1;\cdots;\hat{x}_K,\hat{y}_K] \in \boldsymbol{R}^{K\times 2}$ 为锚节点的估计位置，$\boldsymbol{P} = [x_1,y_1;\cdots;x_K,y_K] \in \boldsymbol{R}^{K\times 2}$ 为锚节点实际位置。给定尺度因子 s，2×2 正交旋转矩阵 $\boldsymbol{R}$，2×1 平移矢量 $\boldsymbol{t} = [t_x,t_y]^{\mathrm{T}}$ 使得下式最小，即

$$\| \boldsymbol{P} - (s\hat{\boldsymbol{P}}\boldsymbol{R} + 1\boldsymbol{t}^{\mathrm{T}}) \|_F \tag{2-50}$$

式中：F 为 Frobenius 范数。

式（2-50）的最小化可以被奇异值分解确定并给出，该 Procrustes 问题首先由 Schonemann 和 Carroll[48] 解决。令 $\boldsymbol{J}$ 是中心化矩阵，考虑奇异值分解 $\boldsymbol{U}_p\boldsymbol{\Sigma}_p\boldsymbol{V}_p^{\mathrm{T}} = \boldsymbol{P}^{\mathrm{T}}\boldsymbol{J}\hat{\boldsymbol{P}}$。对应变换参数为

$$\boldsymbol{R} = \boldsymbol{V}_p\boldsymbol{U}_p^{\mathrm{T}} \tag{2-51}$$

$$s = \frac{\mathrm{trace}(\boldsymbol{P}^{\mathrm{T}}\boldsymbol{J}\hat{\boldsymbol{P}}\boldsymbol{R})}{\mathrm{trace}(\hat{\boldsymbol{P}}^{\mathrm{T}}\boldsymbol{J}\hat{\boldsymbol{P}})} \tag{2-52}$$

$$\boldsymbol{t} = \boldsymbol{K}^{-1}(\boldsymbol{P} - s\hat{\boldsymbol{P}}\boldsymbol{R})^{\mathrm{T}}\boldsymbol{1} \tag{2-53}$$

一旦优化的变换参数 $\{\boldsymbol{R},s,\boldsymbol{t}\}$ 由锚节点确定，变换可应用于系统中的所有节点。

MDS 算法是集中式算法，信息传输和大矩阵的处理限制了其在大尺度网络中的应用。为了避免这种问题可以通过地图拼接技巧[49] 实现。文献 [50]

给出了 MDS 算法的分布式解决方案。MDS 算法需要知道所有节点的距离，而传感器节点的传输距离有限，导致大量传感器节点的距离缺失，大量算法都是将缺失距离置为 0，从而导致误差变大；而文献［51］替换缺失距离为相关节点间的最短路径距离。文献［52-55］分别给出了相应的基于低秩矩阵的重构算法，通过对距离矩阵缺失的距离重构提高了定位精度。

十一、RAST 算法

RAST（Robust Angulation using Subspace Techniques）算法[56]使用 AOA 或 ADOA 度量定位。在全局坐标系中每一个传感器节点位置描述为位置矢量 $\boldsymbol{p}_i \in \boldsymbol{R}^2$，每一个传感器 r 维护一个中心在 p_r 相对全局坐标系旋转一个角度 γ_r 的局部坐标系。在全局坐标系中，由节点 t 发射节点 r 接收的 AOA 为

$$\theta_{rt} = \phi_{rt} + \gamma_r \tag{2-54}$$

式中：ϕ_{rt} 为在 r 局部坐标系统中的度量。

考虑 AOA 度量模型，假设 $\{\gamma_r\}$ 已知。由式（2-54）局部角度度量 $\{\phi_{rt}\}$ 可以转化为全局框架下的到达角 θ_{rt}。确定一个单位矢量：

$$\boldsymbol{u}_{rt} = \begin{bmatrix} \sin\theta_{rt} \\ -\cos\theta_{rt} \end{bmatrix} \tag{2-55}$$

而且正交于位置矢量差：

$$\boldsymbol{u}_{rt}^{\mathrm{T}}(p_t - p_r) = 0 \tag{2-56}$$

式（2-56）的所有方程构成了一个方程组，从而可以估计出传感器节点的位置。

令 P 为 M 个度量的传感器节点序对，展开式（2-56）为度量矩阵形式。首先，形成矩阵 $\boldsymbol{U} = \{\boldsymbol{U}_{ij}\}$，它是一个 $M \times M$ 维的分块对角矩阵，每一块 $\boldsymbol{U}_{ij} \in \boldsymbol{R}^{2\times1}$。对角块 $\boldsymbol{U}_{ii} = \boldsymbol{u}_{r',t'}$，其中 $(r',t') = P(i)$。另外，定义 $M \times S$ 个大小为 2×2 的块矩阵 $\boldsymbol{K} = \{\boldsymbol{K}_{ij}\}$。矩阵 $\boldsymbol{K}$ 作为一个差分算子来形成式（2-56）的左边第二部分。$\boldsymbol{K}$ 的第 i 行非 0 元素为 $\boldsymbol{K}_{it'} = \boldsymbol{I}_2$ 和 $\boldsymbol{K}_{ir'} = -\boldsymbol{I}_2$，这里 $\boldsymbol{I}_2$ 为 2 阶单位阵，$(r',t') = P(i)$。

令

$$\boldsymbol{p} = [\boldsymbol{p}_1^{\mathrm{T}} \quad \boldsymbol{p}_2^{\mathrm{T}} \quad \cdots \quad \boldsymbol{p}_S^{\mathrm{T}}]^{\mathrm{T}} \tag{2-57}$$

得

$$\boldsymbol{U}^{\mathrm{T}}\boldsymbol{K}\boldsymbol{p} = 0 \tag{2-58}$$

例如，$S = 3, M = 4$，则

$$\underbrace{\begin{bmatrix} \boldsymbol{u}_{21} & 0 & 0 & 0 \\ 0 & \boldsymbol{u}_{31} & 0 & 0 \\ 0 & 0 & \boldsymbol{u}_{32} & 0 \\ 0 & 0 & 0 & \boldsymbol{u}_{13} \end{bmatrix}^{\mathrm{T}}}_{\boldsymbol{U}^{\mathrm{T}},M\times 2M} \underbrace{\begin{bmatrix} \boldsymbol{I}_2 & -\boldsymbol{I}_2 & 0_2 \\ \boldsymbol{I}_2 & 0_2 & -\boldsymbol{I}_2 \\ 0_2 & \boldsymbol{I}_2 & -\boldsymbol{I}_2 \\ -\boldsymbol{I}_2 & 0_2 & \boldsymbol{I}_2 \end{bmatrix}}_{\boldsymbol{K},2M\times 2S} \underbrace{\begin{bmatrix} p_1 \\ p_2 \\ p_3 \end{bmatrix}}_{\boldsymbol{p},2S\times 1} = \underbrace{\begin{bmatrix} 0 \\ 0 \\ 0 \\ 0 \end{bmatrix}}_{M\times 1} \tag{2-59}$$

$2S\times 1$ 的位置矢量 $\boldsymbol{p}$ 是 $\boldsymbol{U}^{\mathrm{T}}\boldsymbol{K}$ 的零空间 $N(\boldsymbol{U}^{\mathrm{T}}\boldsymbol{K})$ 中的一个元素；$N(\boldsymbol{U}^{\mathrm{T}}\boldsymbol{K})$ 中每一点代表一个特殊尺度，$N(\boldsymbol{U}^{\mathrm{T}}\boldsymbol{K}) = \mathrm{span}(\boldsymbol{p},\boldsymbol{v}_x,\boldsymbol{v}_y)$，其中正交矢量 $\boldsymbol{v}_x = [1,0,1,0,\cdots]^{\mathrm{T}}$ 和 $\boldsymbol{v}_y = [0,1,0,1,\cdots]^{\mathrm{T}}$。$\boldsymbol{v}_x$、$\boldsymbol{v}_y$ 来自差分算子 $\boldsymbol{K}$（$Kv_x = Kv_y = 0$）并且反映了位置矢量差异，因此，度量并不依赖传感器位置的平移。

行增形式

$$\boldsymbol{A} = \begin{bmatrix} \boldsymbol{U}^{\mathrm{T}}\boldsymbol{K} \\ \boldsymbol{v}_x^{\mathrm{T}} \\ \boldsymbol{v}_y^{\mathrm{T}} \end{bmatrix} \in \boldsymbol{R}^{(M+2)\times(2S)} \tag{2-60}$$

消除了从零空间的平移矢量。如果有充分多的度量，意味着只有一个或没有度量的传感器的退化情形被排除了，则 $N(\boldsymbol{A}) = \mathrm{span}(\boldsymbol{p})$，可以通过奇异值分解求解，即

$$\boldsymbol{A}\boldsymbol{p} = 0 \tag{2-61}$$

关于基于 ADOA 的 RAST 算法由文献［56］给出。

十二、SDP 算法

SDP（Semidefinite Programming）算法[14-15]是凸优化的一个分支。SDP 是在满足一组半正定对称矩阵条件下的线性函数最小化算法。约束条件是非线性的、非光滑的、凸的，所以 SDP 是凸优化问题。

SDP 应用于传感器网络定位的主要技巧是将非凸二次距离约束转化为线性约束。在文献［15］中给出了 3 种不同的应用 SDP 定位的算法。但是，当网络规模足够大时，求解 SDP 的解变得异常复杂。这个问题可以通过将传感器网络分成多个簇来分别解决，达到了减少整个网络的复杂度并减少计算时间的目的。

十三、基于移动锚节点的定位算法

锚节点移动并播报定位信息，传感器节点根据移动锚节点的播报信息实现自身的定位。基于移动锚节点的定位比利用固定锚节点有很多优势。基于移动锚节点的方法将硬件复杂性和能量消耗转移到移动锚节点上，大大减少了普通

节点的硬件配置和能量消耗。另外，移动锚节点的使用减少了锚节点的布置成本。一个移动锚节点在不同位置传输信息相当于在不同位置配置固定锚节点。利用移动锚节点还可以避免信标信号干扰和碰撞。

文献［57］中给出了利用移动锚节点基于 RSS 测距的定位算法。一个移动锚节点（图 2-8）边在节点布置区域移动边播报信标信号。收到信标信号的传感器节点根据与移动锚节点的临近关系，利用贝叶斯方法估计各自的位置。文献［58］给出了称为 Walking GPS 的定位方案。一个配置 GPS 接收器的传感器节点被一个人携带，边布置传感器节点，该节点边播报自己的位置。被布置的传感器节点依据 GPS 节点播报的位置信息推断自己的位置。这种方法既简单又便宜；它的缺点也很明显，定位结果直接受 GPS 定位精度的影响。文献［59］基于一个移动锚节点给出了分布式在线定位算法，其中传感器节点利用连通性和感知性集合约束减少位置的不确定性。最后，还给出了利用一个具有先验未知坐标的移动目标来定位的统一方法。文献［60］给出了改进算法，利用移动锚节点的场景作为锚节点信息分布，然后利用不精确的距离信息采用统计方法给出定位结果。在基于免于测距条件下，文献［61］讨论了一种基于移动锚节点的定位算法并提出了两种新的定位算法：第一种方法利用移动锚节点的到达和离开时间；第二种方法利用与移动锚节点的 RSS 度量的方差信息。考虑到全向天线在节能和抗干扰方面的劣势，文献［62-63］分别给出了基于定向天线的移动锚节点的定位方案。利用移动锚节点进行定位，移动锚节点的路径规划是很重要的一方面。移动锚节点路径规划可分为：

（1）按照预定几何形状的静态路径[64-67]；

（2）动态路径[68-69]；

（3）动态随机路径[70-71]。

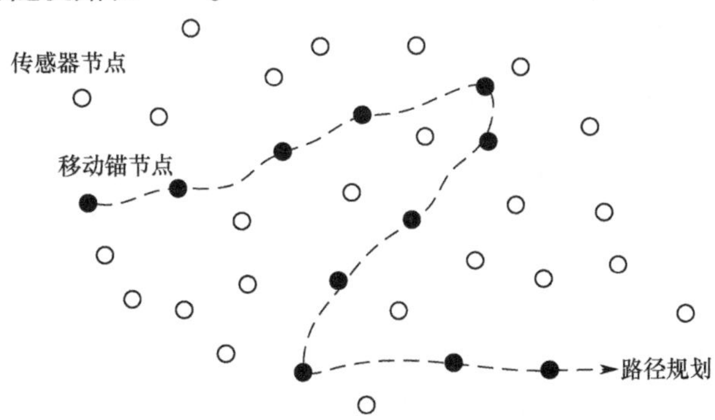

图 2-8　利用移动锚节点定位传感器节点

第六节 定位系统

一、基于测距的定位系统

目前，最常见的定位系统是 GPS[72]。使用 GPS，至少需要 3 颗卫星定位接收装置，考虑到接收装置的时间偏差需要时间校准，至少需要 4 颗卫星定位接收装置。

Cricket 定位系统[73]是由 MIT 开发的基于测距的室内定位系统。它是由分布在室内的位置固定的锚节点和未知节点组成的，两种节点均装有超声波设备。其中锚节点同时发射 RF 和超声波信号，RF 信号中包括该锚节点的位置和 ID。未知节点使用 TDOA 方法估算出自身到各邻居节点之间的距离。当未知节点获得足够多的距离信息时，即可计算出自身的位置。

文献［74］展示了由浙江大学基于 IRIS 节点的 Hier Track 目标实时追踪系统，此系统是在移动目标追踪分层策略理论框架下，考虑了能量有效、定位精度等指标而构建的系统。

二、基于 AOA 的定位系统

Wireless iPAQ 定位系统[75]是用于声源定位的系统，由美国加州大学洛杉矶分校开发。该系统采用传感器声阵列网络并利用笔记本电脑进行信号处理，通过信号的相位差获得声源到达角进而对近场和远场目标进行定位。

AASNTrack 定位系统[76-77]是基于声阵列网络的定位系统，由浙江大学和中国科学院声学研究所共同开发。该系统定位原理是通过多个声阵列对目标到达角进行测量，将其上传至 Sink 节点或基站对目标进行定位。该系统还可进行多目标定位及跟踪。

三、地图匹配定位系统

RADAR 定位系统[78]的定位过程可分为以下两个阶段：RF 信号强度地图构建（离线）和信号采集及地图匹配（在线）。系统由定位服务器、基站和目标节点组成。RADAR 是典型的基于 Fingerprint 的定位算法。

Mote Track 定位系统[79]是哈佛大学设计的基于无线传感器网络的定位系统。与 RADAR 定位系统类似，也是基于地图匹配的。不同的是，它采用分布式的地图构建方式，每个锚节点只需要存储自己附近的地图信息，目标节点只需与自己附近的锚节点交换信息，即可以进行地图匹配。Mote Track 让节点工作在不同发射功率等级、不同频段进行实时匹配和地图构建，大大提高了定位的精度。与 RADAR 定位系统相比，显著特点是鲁棒性好。

小　结

本章介绍了无线传感器网络定位的背景、现状和工作模式；总结了无线传感器网络定位的度量方式、固定理论；着重介绍了定位的 CRB 理论；对现有的节点定位算法和定位系统进行了分类介绍和相关分析。

第三章　基于距离的传感器节点定位

第二章我们对现有的传感器网络定位算法相关工作进行了介绍。定位算法基本都需要锚节点的参与，锚节点随机布置会导致需要大量的锚节点参与传感器节点定位，增加了传感器网络的成本，又增加了传感器节点定位的误差。本章就在锚节点规范布置条件下，构造基于测距的传感器节点定位算法并分析其性能。考虑到结论普遍性，设定观测区域为圆形区域。锚节点的坐标位置是给定的，并首次采用十字布局（图 3-1）。在十字布局的基础上探讨传感器节点定位受哪些因素影响，并且分析锚节点在不同通信半径的情形下，传感器节点的定位效果。

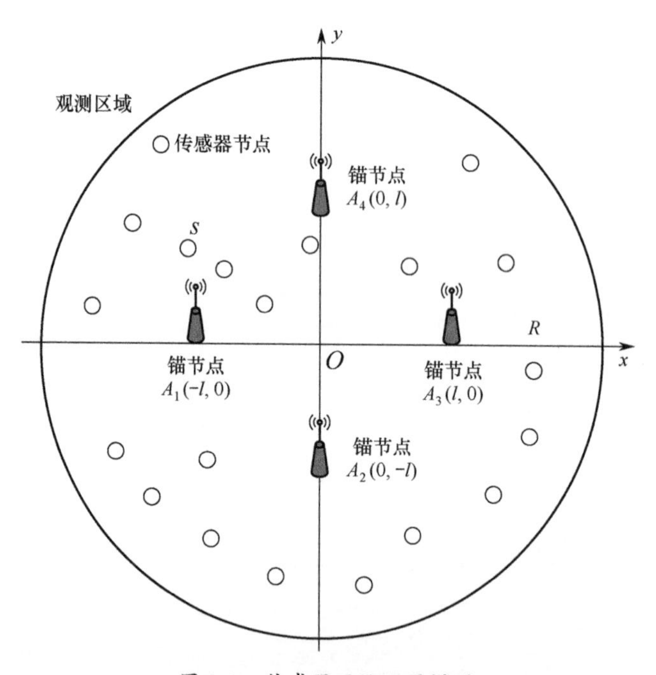

图 3-1　传感器网络配置模型

第一节　传感器网络模型

假设传感器节点在布置前都进行了时间校准，这样就可以通过 TOA 方法进行测距。传感器网络观测区域是以原点 O 为中心、R 为半径的圆形区域。设观测区域待定位传感器节点坐标位置为

$$\boldsymbol{s} = (x,y)^{\mathrm{T}} \tag{3-1}$$

锚节点分别布置在如图 3-1 所示的十字布局位置，设

$$\boldsymbol{A}_1 = (x_1,y_1)^{\mathrm{T}} = (-l,0)^{\mathrm{T}} \tag{3-2}$$

$$\boldsymbol{A}_2 = (x_2,y_2)^{\mathrm{T}} = (0,-l)^{\mathrm{T}} \tag{3-3}$$

$$\boldsymbol{A}_3 = (x_3,y_3)^{\mathrm{T}} = (l,0)^{\mathrm{T}} \tag{3-4}$$

$$\boldsymbol{A}_4 = (x_4,y_4)^{\mathrm{T}} = (0,l)^{\mathrm{T}} \tag{3-5}$$

在这里我们将锚节点分为如下 3 种情形进行讨论。

(1) 4 个锚节点具有足够大的功率，足以使观测区域的所有传感器节点能够接收到信号，即通信半径大到足够覆盖观测区域，我们称为**功率无穷大锚节点**。

(2) 4 个锚节点功率与普通传感器节点相同，即与普通传感器节点的通信半径相同，我们称为**普通锚节点**。

(3) 4 个锚节点功率具有有限功率，即功率大于普通锚节点但不足以使观测区域的所有传感器节点接收到信号，即锚节点的通信半径介于功率无穷大锚节点与普通锚节点之间，我们称为**功率有限锚节点**。

第二节　功率无穷大锚节点

首先考虑 4 个锚节点为功率无穷大锚节点，传感器节点与锚节点之间的估计距离满足

$$\hat{d}_j = d_j + e_j,\ j = 1,2,3,4 \tag{3-6}$$

$$d_j = \|\boldsymbol{s} - \boldsymbol{A}_j\|,\ j = 1,2,3,4 \tag{3-7}$$

式中：$\hat{d}_j(j = 1,2,3,4)$ 为传感器节点与锚节点的估计距离；$d_j(j = 1,2,3,4)$ 为节点与锚节点的实际距离；$e_j(j = 1,2,3,4)$ 为节点与锚节点的估计距离误差，记

$$\hat{\boldsymbol{D}} = [\hat{d}_1,\hat{d}_2,\hat{d}_3,\hat{d}_4]^{\mathrm{T}} \tag{3-8}$$

$$\boldsymbol{D}(s) = [d_1,d_2,d_3,d_4]^{\mathrm{T}} \tag{3-9}$$

式中：‖ · ‖ 为欧几里得范数。

这里假设误差 e_j 服从同一个相互独立的高斯分布，即

$$e_j \sim N(0,\sigma^2), j = 1,2,3,4 \tag{3-10}$$

一、定位算法及分析

定位算法的性能主要考虑定位精度和复杂度。在给出定位算法之前，首先进行简单的定位分析。如图 3-2 所示，考虑沿 x 轴方向布置的两个锚节点 A_1 、A_3 ，分别以其为圆心画同心圆，即

$$\sqrt{(x-(-l))^2+(y-0)^2} = k\Delta,\ k = 1,2,\cdots \tag{3-11}$$

$$\sqrt{(x-l)^2+(y-0)^2} = k\Delta,\ k = 1,2,\cdots \tag{3-12}$$

式中：Δ 为同心圆的半径差。

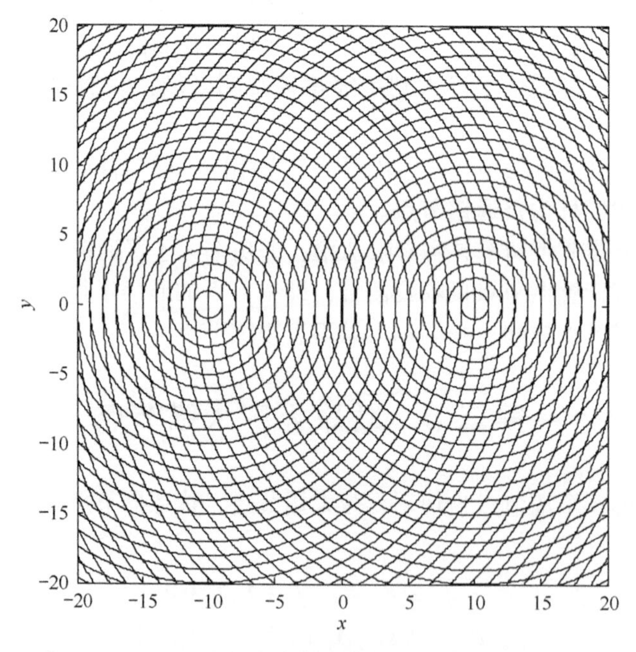

图 3-2　A_1 、A_3 确定的传感器节点坐标定位分析示意图

如图 3-3 所示，同样考虑沿 y 轴方向布置的两个锚节点 A_2 、A_4 ，分别以其为圆心画同心圆，即

$$\sqrt{(x-0)^2+(y-(-l))^2} = k\Delta,\ k = 1,2,\cdots \tag{3-13}$$

$$\sqrt{(x-0)^2+(y-l)^2} = k\Delta,\ k = 1,2,\cdots \tag{3-14}$$

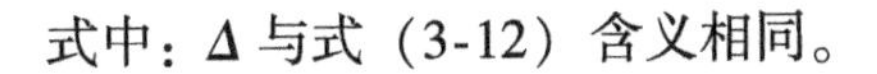

式中：Δ 与式（3-12）含义相同。

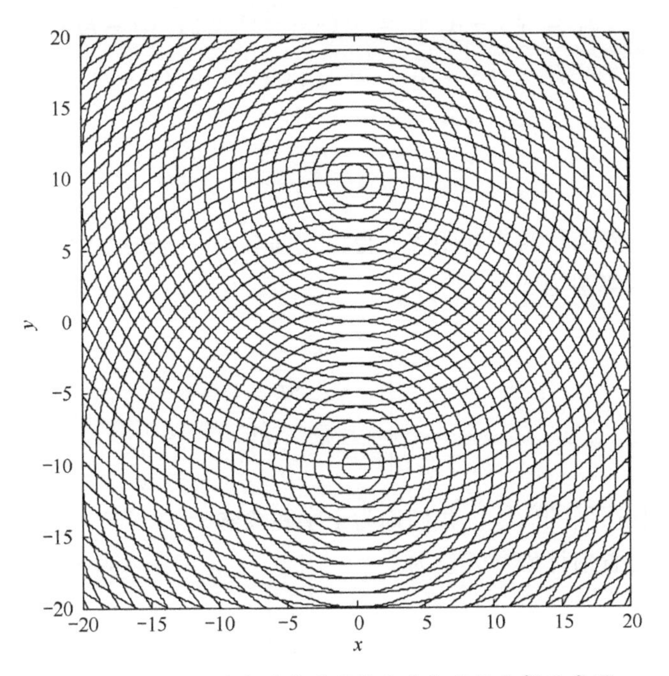

图 3-3　A_2、A_4 确定的传感器节点坐标定位分析示意图

图3-2 中为 $l = 10$，$\Delta = 1$ 时的定位分析示意图。由图可以看出，若由 A_1、A_3 确定传感器节点的坐标位置，横坐标误差因为测距误差影响不大，而纵坐标误差会因为测距误差影响很大，尤其沿直线 $y = 0$ 方向。图 3-3 中由定位分析示意图可知，若由 A_2、A_4 确定传感器节点的坐标位置，纵坐标误差因为测距误差影响不大，而横坐标误差会因为测距误差影响很大，尤其沿直线 $x = 0$。因此，设计定位算法时，横坐标估计可以首先考虑使用 A_1、A_3 提供的距离信息，纵坐标估计可以首先考虑使用 A_2、A_4 提供的距离信息，这样就可以保证定位算法的稳健性。

由

$$d_1 = \| s - A_1 \| = \sqrt{(x - (-l))^2 + (y - 0)^2} \tag{3-15}$$

$$d_3 = \| s - A_3 \| = \sqrt{(x - l)^2 + (y - 0)^2} \tag{3-16}$$

的平方相减并变形，可得

$$x = \frac{d_1^2 - d_3^2}{4l} \tag{3-17}$$

由

$$d_2 = \| s - A_2 \| = \sqrt{(x-0)^2 + (y-(-l))^2} \tag{3-18}$$

$$d_4 = \| s - A_4 \| = \sqrt{(x-0)^2 + (y-l)^2} \tag{3-19}$$

可得

$$y = \frac{d_2^2 - d_4^2}{4l} \tag{3-20}$$

利用估计距离代替实际距离，得出在锚节点十字布局条件下传感器节点坐标位置的估计算法为

$$\begin{cases} \hat{x} = \dfrac{\hat{d}_1^2 - \hat{d}_3^2}{4l} \\ \hat{y} = \dfrac{\hat{d}_2^2 - \hat{d}_4^2}{4l} \end{cases} \tag{3-21}$$

为了方便下面的叙述，我们称为**十字距离法**。

记节点位置估计坐标矢量为

$$\hat{\boldsymbol{s}}_1 = \begin{bmatrix} \hat{x} \\ \hat{y} \end{bmatrix} \tag{3-22}$$

由

$$\begin{aligned} E(\hat{x}) &= E\left(\frac{\hat{d}_1^2 - \hat{d}_3^2}{4l}\right) \\ &= \frac{E(\hat{d}_1^2) - E(\hat{d}_3^2)}{4l} \\ &= \frac{E(d_1^2 + 2d_1e_1 + e_1^2)) - E(d_3^2 + 2d_3e_3 + e_3^2))}{4l} \\ &= \frac{d_1^2 - d_3^2}{4l} \\ &= \frac{(x+l)^2 + y^2 - ((x-l)^2 + y^2)}{4l} \\ &= x \end{aligned} \tag{3-23}$$

同理，可得

$$E(\hat{y}) = y \tag{3-24}$$

由上面可知，十字距离法节点坐标位置估计为无偏估计。由测距的相互独立性可知，横坐标估计的方差满足

$$
\begin{aligned}
D(\hat{x}) &= \frac{D(\hat{d}_1^2) + D(\hat{d}_3^2)}{16l^2} \\
&= \frac{E(\hat{d}_1^4) - (E(\hat{d}_1^2))^2 + E(\hat{d}_3^4) - (E(\hat{d}_3^2))^2}{16l^2} \\
&= \frac{4(d_1^2 + d_3^2)\sigma^2 + 4\sigma^4}{16l^2} \\
&= \frac{2(x^2 + y^2 + l^2)\sigma^2 + \sigma^4}{4l^2} \\
&= \frac{\sigma^2}{2} + \frac{2(x^2 + y^2)\sigma^2 + \sigma^4}{4l^2}
\end{aligned} \tag{3-25}
$$

同理，可得纵坐标估计的方差满足

$$
D(\hat{y}) = \frac{\sigma^2}{2} + \frac{2(x^2 + y^2)\sigma^2 + \sigma^4}{4l^2} \tag{3-26}
$$

由坐标位置估计的无偏性，可得

$$
\begin{aligned}
E((\hat{x} - x)^2 + (\hat{y} - y)^2) &= D(\hat{x}) + D(\hat{y}) \\
&= \sigma^2 + \frac{(x^2 + y^2)}{l^2}\sigma^2 + \frac{\sigma^4}{2l^2}
\end{aligned} \tag{3-27}
$$

由式（3-27）可以看出，由十字距离法得出的传感器的坐标位置均方差，随着 l 的增大而减少，考虑到锚节点一般放置在观测区域内，故令 $l = R$，则观测区域内的最大均方误差为

$$
\max_{(x,y)} E((\hat{x} - x)^2 + (\hat{y} - y)^2) = 2\sigma^2 + \frac{\sigma^4}{2R^2} \tag{3-28}
$$

二、定位误差下界——CRB

CRB（Crame Rao Bound）给出了传感器节点位置参数线性无偏估计的协方差矩阵的下界[80]。s 为待估参数，$\hat{s}$ 为其无偏估计，观测矢量 $\boldsymbol{Z}$ 的概率密度为 $f_Z(z)$，则误差协方差矩阵为

$$
E\{(\hat{\boldsymbol{s}} - \boldsymbol{s})(\hat{\boldsymbol{s}} - \boldsymbol{s})^{\mathrm{T}}\} \tag{3-29}
$$

该误差协方差矩阵的下界由 CRB 确定，即

$$
\mathrm{CRB} = [\boldsymbol{J}(\boldsymbol{s})]^{-1} \tag{3-30}
$$

其中，矩阵 $\boldsymbol{J}(\boldsymbol{s})$ 为

$$
\boldsymbol{J}(\boldsymbol{s}) = E\{[\nabla_s \ln f_Z(\boldsymbol{Z};\boldsymbol{s})][\nabla_s \ln f_Z(\boldsymbol{Z};\boldsymbol{s})]^{\mathrm{T}}\} \tag{3-31}
$$

式中：矩阵 $\boldsymbol{J}(\boldsymbol{s})$ 为 FIM。

根据式（3-6）及度量的独立性，得

$$f_Z(\boldsymbol{Z};\boldsymbol{s}) = N(\boldsymbol{\mu}(\boldsymbol{s}),\boldsymbol{\Sigma}) = \frac{1}{(2\pi)^2 |\boldsymbol{\Sigma}|^{1/2}}\exp\left\{-\frac{1}{2}[\boldsymbol{Z}-\boldsymbol{\mu}(\boldsymbol{s})]^{\mathrm{T}}\boldsymbol{\Sigma}^{-1}[\boldsymbol{Z}-\boldsymbol{\mu}(\boldsymbol{s})]\right\} \tag{3-32}$$

式中：$\boldsymbol{\mu}(\boldsymbol{s})$ 由式（3-7）中实际距离构成；$\boldsymbol{\Sigma} = \sigma^2\boldsymbol{I}_4$，$\boldsymbol{I}_4$ 为 4 阶单位阵。

由式（3-32），可得

$$\boldsymbol{J}(\boldsymbol{s}) = [\boldsymbol{G}'(\boldsymbol{s})]^{\mathrm{T}}\boldsymbol{\Sigma}^{-1}[\boldsymbol{G}'(\boldsymbol{s})] = \frac{1}{\sigma^2}[\boldsymbol{G}'(\boldsymbol{s})]^{\mathrm{T}}[\boldsymbol{G}'(\boldsymbol{s})] \tag{3-33}$$

其中

$$\boldsymbol{G}'(\boldsymbol{s}) = \begin{bmatrix} \frac{\partial d_1}{\partial x} & \frac{\partial d_1}{\partial y} \\ \frac{\partial d_2}{\partial x} & \frac{\partial d_2}{\partial y} \\ \frac{\partial d_3}{\partial x} & \frac{\partial d_3}{\partial y} \\ \frac{\partial d_4}{\partial x} & \frac{\partial d_4}{\partial y} \end{bmatrix} \tag{3-34}$$

$$\frac{\partial d_j}{\partial x} = \frac{x-x_j}{d_j} = \frac{x-x_j}{\sqrt{(x-x_j)^2+(y-y_j)^2}} \tag{3-35}$$

$$\frac{\partial d_j}{\partial y} = \frac{y-y_j}{d_j} = \frac{y-y_j}{\sqrt{(x-x_j)^2+(y-y_j)^2}} \tag{3-36}$$

令

$$\boldsymbol{C}(\boldsymbol{s}) = [\boldsymbol{G}'(\boldsymbol{s})]^{\mathrm{T}}[\boldsymbol{G}'(\boldsymbol{s})] \tag{3-37}$$

根据式（3-33）、式（3-35）和式（3-36），可得

$$\boldsymbol{J}(\boldsymbol{s}) = \frac{1}{\sigma^2}\begin{bmatrix} a_{xx} & a_{xy} \\ a_{xy} & a_{yy} \end{bmatrix} \tag{3-38}$$

其中

$$a_{xx} = \frac{(-l+x)^2}{(-l+x)^2+y^2} + \frac{(l+x)^2}{(l+x)^2+y^2} + \frac{x^2}{x^2+(-l+y)^2} + \frac{x^2}{x^2+(l+y)^2}$$

$$a_{yy} = \frac{y^2}{(-l+x)^2+y^2} + \frac{y^2}{(l+x)^2+y^2} + \frac{(-l+y)^2}{x^2+(-l+y)^2} + \frac{(l+y)^2}{x^2+(l+y)^2}$$

$$a_{xy} = \frac{(-l+x)y}{(-l+x)^2+y^2} + \frac{(l+x)y}{(l+x)^2+y^2} + \frac{x(-l+y)}{x^2+(-l+y)^2} + \frac{x(l+y)}{x^2+(l+y)^2}$$

则

$$\text{CRB} = [\boldsymbol{J}(\boldsymbol{s})]^{-1} = \sigma^2 \begin{bmatrix} \dfrac{a_{yy}}{a_{xx}a_{yy} - a_{xy}^2} & -\dfrac{a_{xy}}{a_{xx}a_{yy} - a_{xy}^2} \\ -\dfrac{a_{xy}}{a_{xx}a_{yy} - a_{xy}^2} & \dfrac{a_{xx}}{a_{xx}a_{yy} - a_{xy}^2} \end{bmatrix}$$

$$= \sigma^2 [\boldsymbol{C}(\boldsymbol{s})]^{-1} \tag{3-39}$$

可得

$$E((\hat{x} - x)^2 + (\hat{y} - y)^2) \geqslant [\boldsymbol{J}(\boldsymbol{s})]_{11}^{-1} + [\boldsymbol{J}(\boldsymbol{s})]_{22}^{-1}$$

$$= \text{trace}([\boldsymbol{J}(\boldsymbol{s})^{-1}]) = \frac{4\sigma^2}{a_{xx}a_{yy} - a_{xy}^2} \tag{3-40}$$

式中：trace 为矩阵的迹运算。

当 $l = R$ 时，由于公式 $\underset{(x,y)}{\max}\text{trace}([\boldsymbol{J}(\boldsymbol{s})^{-1}])$ 没有显式解，令 $R = 1$，通过数学软件 Mathematica 计算，可得

$$\underset{(x,y)}{\max}\text{trace}([\boldsymbol{J}(\boldsymbol{s})^{-1}]) = 1.333\sigma^2 \leqslant \underset{(x,y)}{\max}E((\hat{x} - x)^2 + (\hat{y} - y)^2)$$

$$= 2\sigma^2 + \frac{\sigma^4}{2} \tag{3-41}$$

三、定位求精及仿真

考虑到节点计算能力偏弱，为提高节点的定位精度，对传感器节点由十字距离法计算式（3-22）确定的估计位置，利用泰勒级数迭代算法进行一次迭代求精，根据式（3-22）迭代公式[81]为

$$\hat{\boldsymbol{s}}_2 = \hat{\boldsymbol{s}}_1 + [\boldsymbol{J}(\hat{\boldsymbol{s}}_1)]^{-1}[\boldsymbol{G}'(\hat{\boldsymbol{s}}_1)]^{\mathrm{T}}\boldsymbol{\Sigma}^{-1}(\hat{\boldsymbol{D}} - \boldsymbol{D}(\hat{\boldsymbol{s}}_1)) \tag{3-42}$$

经过化简转化，可得

$$\hat{\boldsymbol{s}}_2 = \hat{\boldsymbol{s}}_1 + [\boldsymbol{C}(\hat{\boldsymbol{s}}_1)]^{-1}[\boldsymbol{G}'(\hat{\boldsymbol{s}}_1)]^{\mathrm{T}}(\hat{\boldsymbol{D}} - \boldsymbol{D}(\hat{\boldsymbol{s}}_1)) \tag{3-43}$$

由式（3-39）可知，式（3-43）可表示为显式表达式，便于分析。

不失一般性，在仿真过程中取长度单位为常数 1，角度单位为 rad。配置如图 3-1所示，取观测区域的半径 $R = 1$，$l = R$。设测距误差服从 $N(0,\sigma^2)$（$\sigma = 0.05$）。在图 3-4 中，横坐标为节点坐标矢量和 x 轴的夹角 θ，考虑到对称性，θ 的取值范围为 $[0,\pi/4]$；纵坐标为定位误差的均方差和相应的 CRB 下界。r 为坐标矢量的长度，6 个仿真图对应 r 依次分别取值为 0、0.2、0.4、0.6、0.8、1.0。在图 3-5 中，横坐标为节点坐标矢量的长度 r，r 的取值范围

[0,1]；纵坐标为定位误差的均方差和相应的CRB下界。6个仿真图对应θ依次分别取值为0、π/20、2π/20、3π/20、4π/20、5π/20。

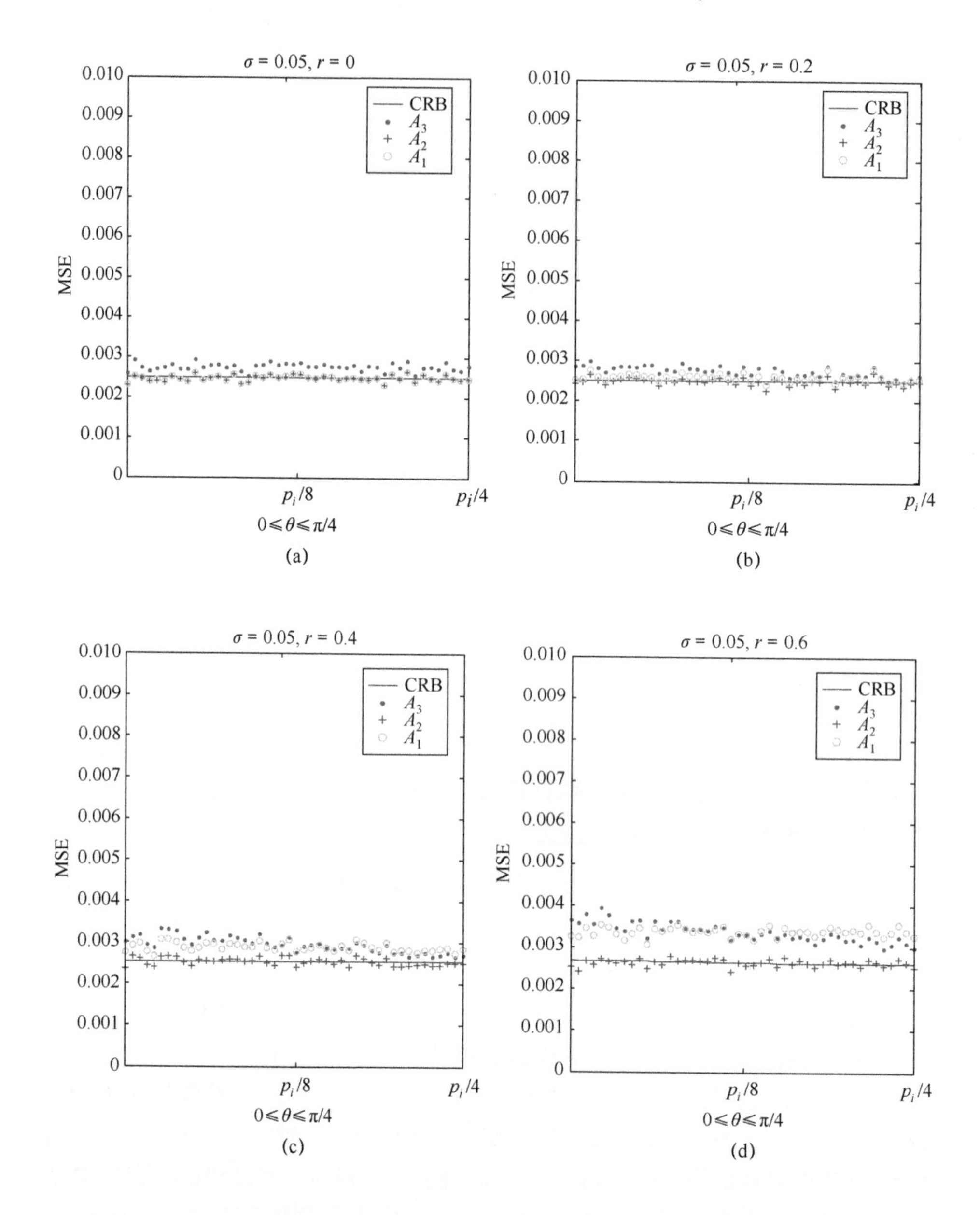

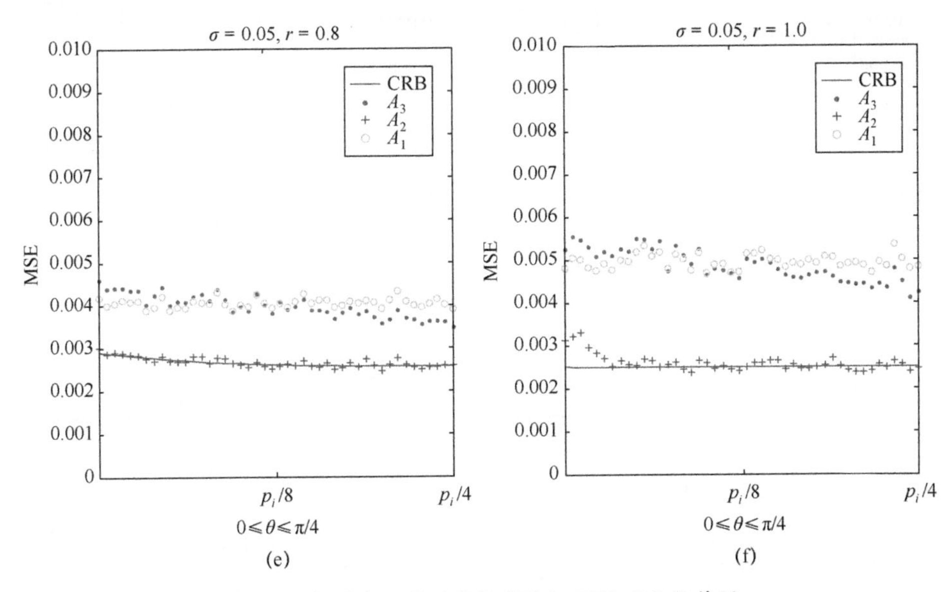

图 3-4　与原点不同距离均方差与 CRB 变化趋势图

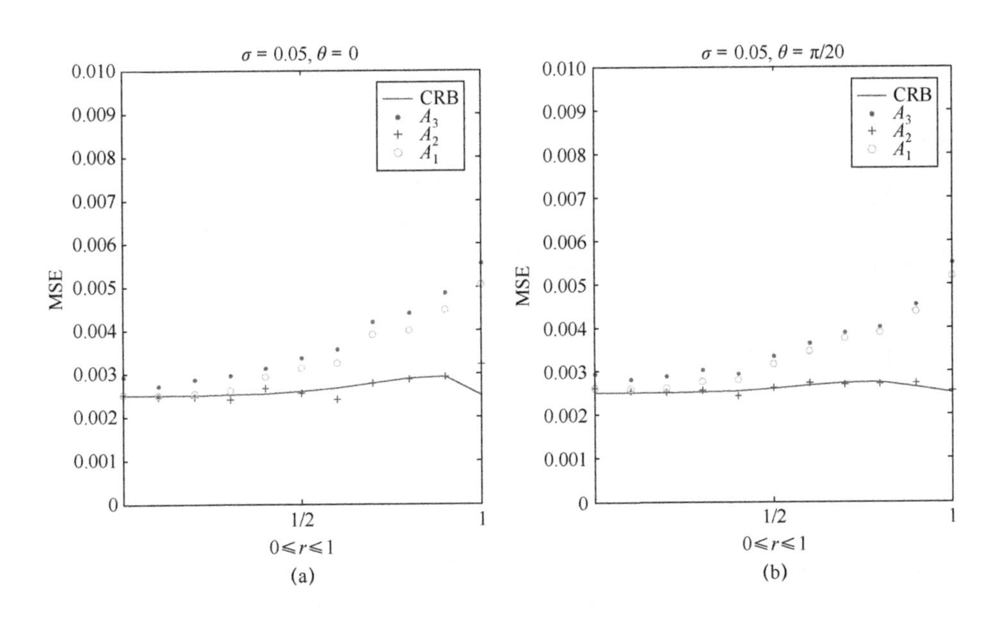

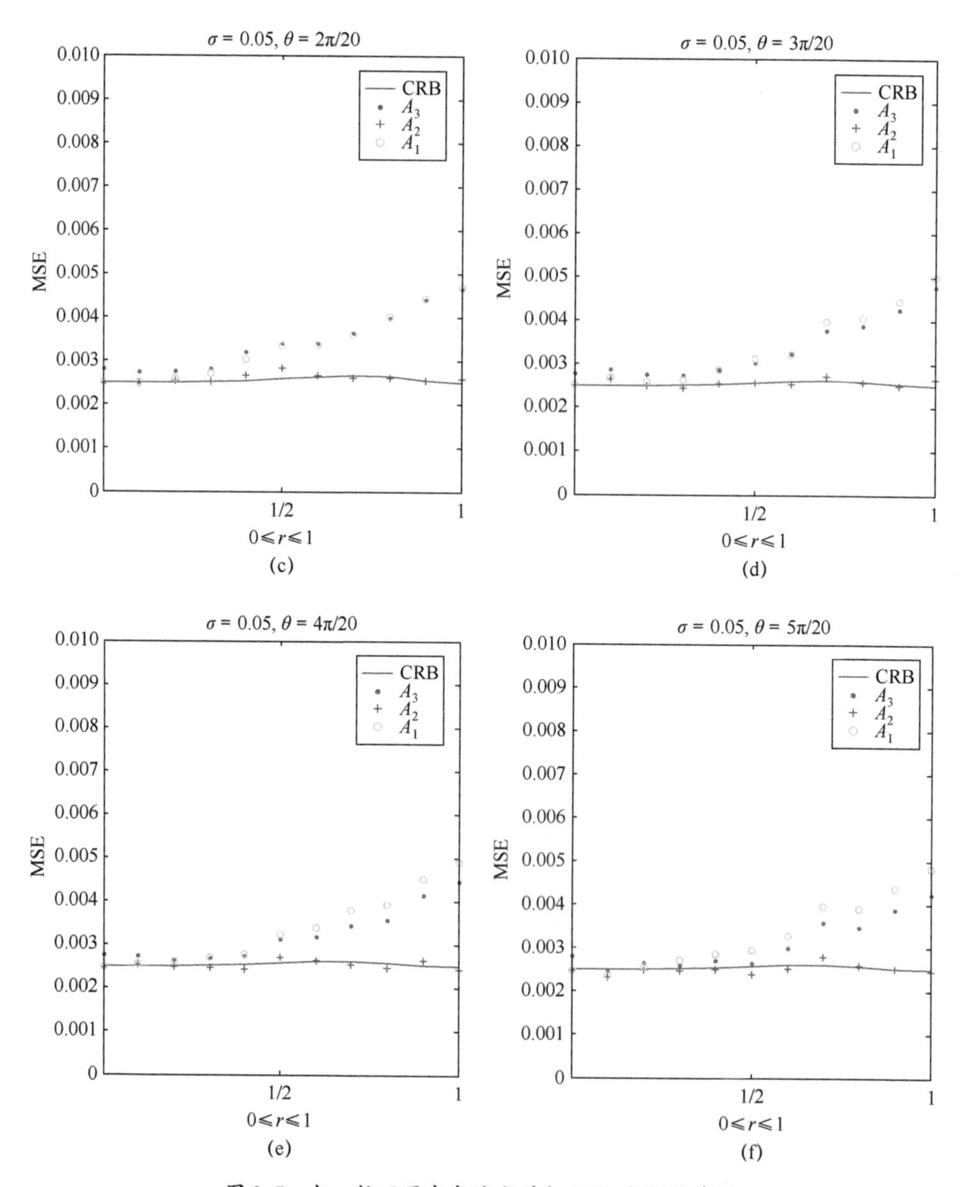

图 3-5 与 x 轴不同夹角均方差与 CRB 变化趋势图

CRB 由式（3-40）右端确定。图 3-4 和图 3-5 中的 A_1 、A_2 、A_3 分别表示十字距离法、泰勒级数迭代算法一次迭代求精以及由式（2-28）确定的多边测量法的定位误差的均方差。由图 3-4 和图 3-5 的仿真结果可以看出，多边测量法与十字距离法的定位误差的均方差相差无几，只是误差分布略有不同。传感器节点的定位误差经过泰勒级数一次迭代求精，定位误差均方差基本达到CRB，只有当 $r = 1, \theta = 0$ 附近误差偏大，这主要是因为传感器节点距离锚节点太近，导致 $[\boldsymbol{C}(\hat{\boldsymbol{s}}_1)]^{-1}$ 行列式接近于0所致。但是，多边测量法的时间复杂度涉及3次矩阵相乘和1次矩阵求逆。泰勒级数定位一次迭代求精算法有显式表达式，复杂度为3次矩阵乘法。十字距离法复杂度仅需6次乘法。可知十字距离法和多边测量法误差相似，但复杂度要小得多，而泰勒级数定位一次迭代求精算法复杂度略高于多边测量法，而精度却比其高得多。

第三节　普通锚节点

下面，我们考虑锚节点功率与普通传感器节点功率相同，即它们的通信半径相同的情况。设无线传感器节点均匀分布，而且节点率（单位面积包含的节点个数）服从参数为 λ 的泊松分布，其中 λ 用来表示无线传感器网络的节点密度。设无线传感器通信半径为 r，则一个节点的邻居数期望值为 $\pi r^2 \lambda$。

DV-Distance 距离估计方法利用多跳传输的最短跳距和作为节点到锚节点的距离估计。这种距离估计主要有以下两个方面的问题：一方面，跳距之间并不是沿一条直线传输信号的，从而导致距离估计有较大误差，而且随着跳数增多，误差随之增大；另一方面，测距误差另一个主要组成部分是系统误差，所以跳数越少系统误差对测距误差的影响越小。为了避免误差过大而对节点定位产生较大的影响，考虑对 DV-Distance 距离估计方法进行改进。

改进方法分为以下两部分。

第一部分，测距只使用不小于传感器节点通信半径 r 一半（测距阈值为 $0.5r$）的节点作为下一跳节点（除锚节点的直接邻居节点外）。这种测距策略主要考虑如下原因。

（1）通过限制通信半径的下限，可以使通信半径受到约束，从而使得跳数减少。这里需要说明的是，阈值不能取大于 $0.5r$ 的值，如取值为 $0.8r$，则相距为 $1.2r$ 的两个节点可能会出现测距为 $0.8r + 0.8r = 1.6r$，误差达到 $1.6r - 1.2r = 0.4r$，从而产生了较大误差（图3-6）。

（2）当节点密度足够大时，相邻跳距具有独立性，便于距离估计的校正，提高测距精度。如图3-7所示，由于测距至少为传感器通信半径 r 的1/2，区域 A 与区域 B 可以认为没有交叉。多跳测距取决于节点的分布，既然两个节点的下一跳节点区域互不相交。也就是说，它们的下一跳节点分布互不影响，从而相邻跳距相互独立。这样就可以分析下一跳节点的位置，为更好地估计出节点与锚节点的距离以及高精度的节点位置提供了基础。

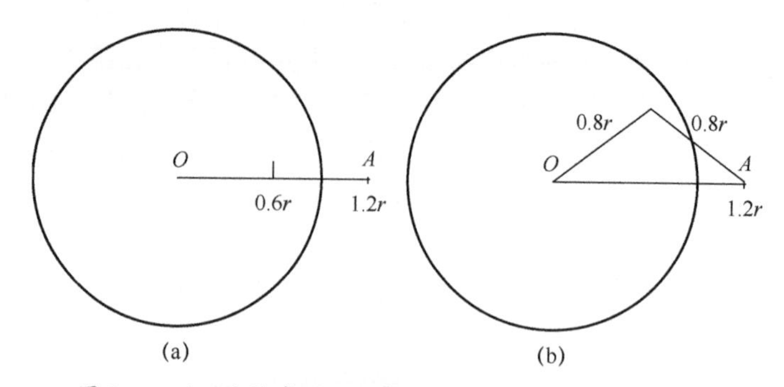

图 3-6 测距为传感器通信半径至少 1/2 的合理性示意图

（a）测距至少为 $r/2$ 尽量保证测距为直线距离；（b）测距至少为大于 $r/2$ 测距可能为非直线距离。

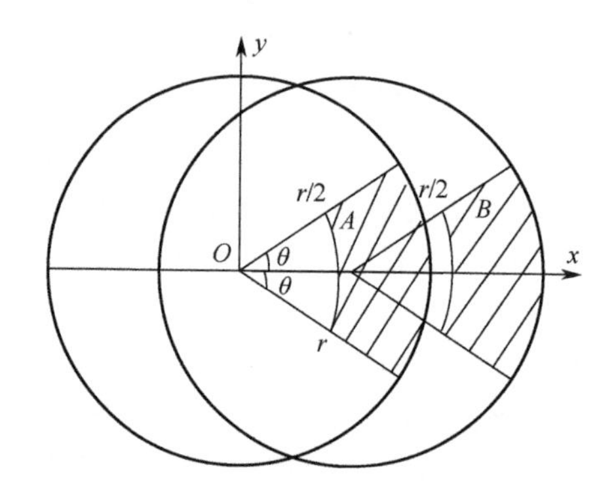

图 3-7 相邻跳距相互独立示意图

第二部分，对测距进行校正及估计。

因为多跳距离并不是直线距离到达目标节点，因此，需要对多跳距离进行校正。校正系数可通过如下分析确定。

由图 3-8 可知，节点选择下一跳至目标节点使得跳距和最短，也就是取 θ 最小的节点作为下一跳节点。由区域 A 的面积

$$A(\theta) = \frac{3r^2\theta}{4}, 0 \leqslant \theta \leqslant \pi \tag{3-44}$$

可知区域 A 内有节点的概率分布函数为

$$F_\Theta(\theta) = P\{\Theta \leqslant \theta\} = 1 - \mathrm{e}^{-\lambda A(\theta)} \tag{3-45}$$

进一步可知，节点坐标矢量与 x 轴夹角绝对值为 θ 而夹角小于 θ 没有其他节点的概率密度为

$$f_\Theta(\theta) = \frac{3}{4}\lambda r^2 \mathrm{e}^{-\frac{3}{4}\lambda r^2\theta} \tag{3-46}$$

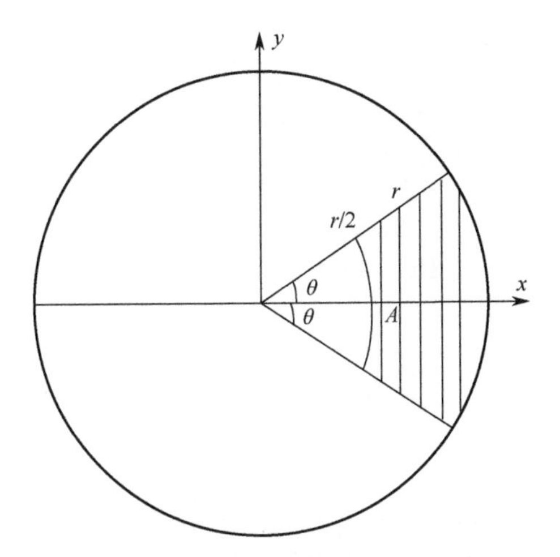

图 3-8　改进 DV-Distance 跳距分析

θ 的均方差为

$$E(\theta^2) = \int_0^{\pi} \theta^2 f_{\Theta}(\theta)\mathrm{d}\theta = \frac{32 - \mathrm{e}^{-\frac{3}{4}\lambda\pi r^2}(32 + 24\lambda\pi r^2 + 9\lambda^2\pi^2 r^4)}{9\lambda^2 r^4} \tag{3-47}$$

θ 余弦的数学期望为

$$E(\cos\theta) = \int_0^{\pi} \frac{3}{4}\lambda r^2 \cos\theta \mathrm{e}^{-\frac{3}{4}\lambda r^2\theta}\mathrm{d}\theta = \frac{9\lambda^2 r^4}{16 + 9\lambda^2 r^4}(1 + \mathrm{e}^{-\frac{3}{4}\lambda\pi r^2}) \tag{3-48}$$

θ 余弦的方差为

$$\begin{aligned} D(\cos\theta) &= E(\cos^2\theta) - (E(\cos\theta))^2 \\ &= \frac{(1 - \mathrm{e}^{-\frac{3}{4}\lambda\pi r^2})(32 + 9\lambda^2 r^4)}{64 + 9\lambda^2 r^4} - \left(\frac{9\lambda^2 r^4}{16 + 9\lambda^2 r^4}(1 + \mathrm{e}^{-\frac{3}{4}\lambda\pi r^2})\right)^2 \end{aligned} \tag{3-49}$$

设锚节点 $A_j(j = 1,2,3,4)$ 至目标节点跳数为 $h_j(j = 1,2,3,4)$，跳距依次为 $d_{ij}(i = 1,2,\cdots h_j;\ j = 1,2,3,4)$，设节点信号传输方向与锚节点至目标节点夹角依次为 $\theta_{ij}(i = 1,2,\cdots,h_j;\ j = 1,2,3,4)$，则跳距和为

$$d_j^{\mathrm{sum}} = \sum_{i=1}^{h_j} d_{ij} \tag{3-50}$$

锚节点 $A_j(j = 1,2,3,4)$ 至目标节点的距离为

$$d_j = \sum_{i=1}^{h_j} d_{ij}\cos\theta_{ij} \tag{3-51}$$

改进的 DV-Distance 方法的距离估计公式为

$$\begin{aligned}\hat{d}_j = E(d_j) &= \sum_{i=1}^{h_j} d_{ij} E(\cos\theta_{ij}) \\ &= \sum_{i=1}^{h_j} d_{ij} \frac{9\lambda^2 r^4}{16 + 9\lambda^2 r^4}(1 + \mathrm{e}^{-\frac{3}{4}\lambda\pi r^2}) \\ &= \frac{9\lambda^2 r^4}{16 + 9\lambda^2 r^4}(1 + \mathrm{e}^{-\frac{3}{4}\lambda\pi r^2}) d_j^{\mathrm{sum}}\end{aligned} \tag{3-52}$$

由式（3-49），可得

$$D(d_j) = \sum_{i=1}^{h_j} D(d_{ij}\cos\theta_{ij}) = D(\cos\theta)\sum_{i=1}^{h_j} d_{ij}^2 \tag{3-53}$$

为了考虑普遍情况，由每一跳的平均跳距

$$\mathrm{mean}(d) = \frac{1}{\frac{3}{4}\pi r^2}\int_{\frac{r}{2}}^{r}\int_0^{2\pi}\rho^2 d\rho \mathrm{d}\theta = \frac{7r}{9} \tag{3-54}$$

以及每一跳的平均跳距平方

$$\mathrm{mean}(d^2) = \frac{1}{\pi r^2}\int_{\frac{r}{2}}^{r}\int_0^{2\pi}\rho^3 d\rho \mathrm{d}\theta = \frac{5r^2}{8} \tag{3-55}$$

可得平均跳数为

$$\mathrm{mean}(h_j) = d_j^{\mathrm{sum}} / \left(\frac{7r}{9}\right) \tag{3-56}$$

考虑到

$$P(d_j, \hat{d}_j) = P(d_j \mid \hat{d}_j) P(\hat{d}_j) = P(\hat{d}_j \mid d_j) P(d_j)$$

若假设 $P(\hat{d}_j)$，$P(d_j)$ 在一个小区间内近似服从同一个分布，则

$$P(d_j \mid \hat{d}_j) = P(\hat{d}_j \mid d_j)$$

我们称为对称性。在已知 d_j 的情况下，得到 $\hat{d}_j$ 的方差为

$$\begin{aligned}D(\hat{d}_j) &\approx \frac{5r^2}{8} \times d_j^{\mathrm{sum}} / \left(\frac{7r}{9}\right) D(\cos\theta) \\ &= \frac{45 d_j^{\mathrm{sum}} r D(\cos\theta)}{56} = \frac{45 d_j r D(\cos\theta)}{56 E(\cos\theta)}\end{aligned} \tag{3-57}$$

一、定位算法及分析

定位算法仍采用十字距离法公式（3-21）确定，传感器节点与锚节点的距离采用如下步骤估计。

（1）采用经典的距离矢量交换，使全部的节点获得至锚节点的最短跳距和。每一个节点维护一个表 $\{A_j, d_j^{\mathrm{sum}}\}(j = 1,2,3,4)$，并和邻居节点交换

更新。

(2) 根据节点的相关信息校正节点与锚节点的距离。

校正方法1：采用式（3-52），校正系数为

$$c = \frac{9\lambda^2 r^4}{16 + 9\lambda^2 r^4}(1 + e^{-\frac{3}{4}\lambda\pi r^2}) \tag{3-58}$$

校正方法2：根据锚节点间的最小跳距和确定校正系数为

$$c = \frac{4l}{d_{13}^{\text{sum}} + d_{24}^{\text{sum}}} \tag{3-59}$$

式中：d_{13}^{sum} 、d_{24}^{sum} 分别为锚节点 A_1 、锚节点 A_3 间的最小跳距和锚节点 A_2 、锚节点 A_4 间的最小跳距。

(3) 当节点收到校正信息，计算出与锚节点的估计距离，就可以利用十字距离法计算式（3-21）计算节点的位置。

记 $\Delta^2 = \dfrac{45rD(\cos\theta)}{56E(\cos\theta)}$，则测距误差近似满足

$$\hat{d}_j \sim N(d_j, d_j\Delta^2),\ j = 1,2,3,4 \tag{3-60}$$

$$\begin{aligned} E(\hat{x}) &= E\left(\frac{\hat{d}_1^2 - \hat{d}_3^2}{4l}\right) = \frac{E(\hat{d}_1^2) - E(\hat{d}_3^2)}{4l} \\ &= \frac{E((d_1 + e_1)^2) - E((d_3 + e_3)^2)}{4l} \\ &= \frac{E(d_1^2) - E(d_3^2)}{4l} + \frac{E(e_1^2) - E(e_3^2)}{4l} \\ &= x + \frac{d_1 - d_3}{4l}\Delta^2 \end{aligned} \tag{3-61}$$

$$\begin{aligned} D(\hat{x}) &= D\left(\frac{\hat{d}_1^2 - \hat{d}_3^2}{4l}\right) = \frac{D(\hat{d}_1^2) + D(\hat{d}_3^2)}{16l^2} \\ &= \frac{4d_1^3\Delta^2 + 2d_1^2\Delta^4 + 4d_3^3\Delta^2 + 2d_3^2\Delta^4}{16l^2} \end{aligned} \tag{3-62}$$

$$\begin{aligned} E((\hat{x} - x)^2) &= D(\hat{x} - x) + (E(\hat{x} - x))^2 = D(\hat{x}) + \left(\frac{d_1 - d_3}{4l}\Delta^2\right)^2 \\ &= \frac{4d_1^3\Delta^2 + 3d_1^2\Delta^4 + 4d_3^3\Delta^2 + 3d_3^2\Delta^4 - 2d_1 d_3\Delta^4}{16l^2} \end{aligned} \tag{3-63}$$

同理，可得

$$
\begin{aligned}
E(\hat{y}) &= E\left(\frac{\hat{d}_2^2 - \hat{d}_4^2}{4l}\right) = \frac{E(\hat{d}_2^2) - E(\hat{d}_4^2)}{4l} \\
&= \frac{E((d_2 + e_2)^2) - E((d_4 + e_4)^2)}{4l} \\
&= \frac{E(d_2^2) - E(d_4^2)}{4l} + \frac{E(e_2^2) - E(e_4^2)}{4l} \\
&= y + \frac{d_2 - d_4}{4l}\Delta^2
\end{aligned}
\tag{3-64}
$$

$$
\begin{aligned}
D(y) &= D\left(\frac{\hat{d}_2^2 - \hat{d}_4^2}{4l}\right) \\
&= \frac{D(\hat{d}_2^2) + D(\hat{d}_4^2)}{16l^2} \\
&= \frac{4d_2^3\Delta^2 + 2d_2^2\Delta^4 + 4d_4^3\Delta^2 + 2d_4^2\Delta^4}{16l^2}
\end{aligned}
\tag{3-65}
$$

$$
\begin{aligned}
E((\hat{y} - y)^2) &= D(\hat{y} - y) + (E(\hat{y} - y))^2 \\
&= D(\hat{y}) + \left(\frac{d_2 - d_4}{4l}\Delta^2\right)^2 \\
&= \frac{4d_2^3\Delta^2 + 3d_2^2\Delta^4 + 4d_4^3\Delta^2 + 3d_4^2\Delta^4 - 2d_2 d_4\Delta^4}{16l^2}
\end{aligned}
\tag{3-66}
$$

当Δ很小时，节点定位的均方误差为

$$
\begin{aligned}
E((\hat{x} - x)^2 + (\hat{y} - y)^2) &\approx \frac{\Delta^2(d_1^3 + d_2^3 + d_3^3 + d_4^3)}{4l^2} \\
&= \frac{\Delta^2}{4l^2}(((x + l)^2 + y^2)^{3/2} + ((x - l)^2 + y^2)^{3/2} \\
&\quad + (x^2 + (y + l)^2)^{3/2} + (x^2 + (y - l)^2)^{3/2})
\end{aligned}
\tag{3-67}
$$

下面，考虑由式（3-67）所确定的均方差在区域Ω上的平均值

$$
\underset{\Omega}{\text{mean}}(\text{MSE}) = \frac{\dfrac{\Delta^2}{4l^2}\iint\limits_{\Omega}(((x+l)^2+y^2)^{3/2}+((x-l)^2+y^2)^{3/2}+(x^2+(y+l)^2)^{3/2}+(x^2+(y-l)^2)^{3/2})\mathrm{d}x\mathrm{d}y}{\iint\limits_{\Omega}1\mathrm{d}x\mathrm{d}y}
\tag{3-68}
$$

与 l 之间的关系，其中 $\Omega=\{(x,y)\mid x^2+y^2\leqslant R^2\}$，经 Mathematica 计算得到数据如表 3-1 所列。由表 3-1 可以看出，随着 l 的增大，在区域 Ω 上的平均均方误差随之减少，在 $l=1.1R$ 处，$\underset{\Omega}{\text{mean}}\text{MSE}=2.16\Delta^2$ 为极小值，此后又随着 l 的增大，在区域 Ω 上的平均均方误差随之增大。

表 3-1　$\underset{\Omega}{\text{mean}}(\text{MSE})$ 随 l 的变化表（一）

$l/(\times R)$	0.1	0.5	1	1.1	1.2	2
$\underset{\Omega}{\text{mean}}(\text{MSE})/(\times\Delta^2)$	41.5028	3.17	2.173	2.16	2.165	2.57

下面考虑式（3-67）所确定的均方差在区域 Ω 上的最大值

$$\underset{\Omega}{\max}(\text{MSE})=\frac{\Delta^2}{4l^2}\underset{\Omega}{\max}\left(\left((x+l)^2+y^2\right)^{3/2}+\left((x-l)^2+y^2\right)^{3/2}+\left(x^2+(y+l)^2\right)^{3/2}+\left(x^2+(y-l)^2\right)^{3/2}\right)\tag{3-69}$$

与 l 之间的关系，其中 $\Omega=\{(x,y)\mid x^2+y^2\leqslant R^2\}$，经 Mathematica 计算得到数据，如表 3-2 所列。

表 3-2　$\underset{\Omega}{\max}(\text{MSE})$ 随 l 的变化表（二）

$l/(\times R)$	0.1	0.5	1	1.5	1.6	1.7
$\underset{\Omega}{\max}(\text{MSE})/(\times\Delta^2)$	102.25	6.295	3.414	3.052	3.049	3.06

由表 3-2 可知，随着 l 的增大，区域 Ω 的最大均方误差随之减少，当 $l=1.6R$ 时，$\underset{\Omega}{\max}\text{MSE}=3.049\Delta^2$ 取得极小值。此后，随着 l 的增大，在区域 Ω 上的最大均方误差随之增大。

二、定位误差边界——Fisher 椭圆

由式（2-9）及式（3-60），可得

$$J=\frac{\partial\boldsymbol{\mu}^{\mathrm{T}}(\theta)}{\partial\theta}\Sigma_\eta^{-1}\frac{\partial\boldsymbol{\mu}(\theta)}{\partial\theta^{\mathrm{T}}}=[\boldsymbol{G}'(\boldsymbol{s})]^{\mathrm{T}}\boldsymbol{\Sigma}^{-1}[\boldsymbol{G}'(\boldsymbol{s})]\tag{3-70}$$

其中

$$\boldsymbol{G}'(\boldsymbol{s})=\begin{bmatrix}\dfrac{\partial d_1}{\partial x} & \dfrac{\partial d_1}{\partial y}\\ \dfrac{\partial d_2}{\partial x} & \dfrac{\partial d_2}{\partial y}\\ \dfrac{\partial d_3}{\partial x} & \dfrac{\partial d_3}{\partial y}\\ \dfrac{\partial d_4}{\partial x} & \dfrac{\partial d_4}{\partial y}\end{bmatrix}$$

$$\frac{\partial d_j}{\partial x} = \frac{x - x_j}{d_j} = \frac{x - x_j}{\sqrt{(x - x_j)^2 + (y - y_j)^2}}$$

$$\frac{\partial d_j}{\partial y} = \frac{y - y_j}{d_j} = \frac{y - y_j}{\sqrt{(x - x_j)^2 + (y - y_j)^2}}$$

$$\boldsymbol{\Sigma}^{-1} = \begin{bmatrix} \frac{1}{d_1\Delta^2} & 0 & 0 & 0 \\ 0 & \frac{1}{d_2\Delta^2} & 0 & 0 \\ 0 & 0 & \frac{1}{d_3\Delta^2} & 0 \\ 0 & 0 & 0 & \frac{1}{d_4\Delta^2} \end{bmatrix}$$

$$\boldsymbol{J}(\boldsymbol{s}) = \frac{1}{\Delta^2}\begin{bmatrix} a_{xx} & a_{xy} \\ a_{xy} & a_{yy} \end{bmatrix} \tag{3-71}$$

其中

$$a_{xx} = \frac{(-l+x)^2}{((-l+x)^2+y^2)^{3/2}} + \frac{(l+x)^2}{((l+x)^2+y^2)^{3/2}} + \frac{x^2}{(x^2+(-l+y)^2)^{3/2}} + \frac{x^2}{(x^2+(l+y)^2)^{3/2}}$$

$$a_{yy} = \frac{y^2}{((-l+x)^2+y^2)^{3/2}} + \frac{y^2}{((l+x)^2+y^2)^{3/2}} + \frac{(-l+y)^2}{(x^2+(-l+y)^2)^{3/2}} + \frac{(l+y)^2}{(x^2+(l+y)^2)^{3/2}}$$

$$a_{xy} = \frac{(-l+x)y}{((-l+x)^2+y^2)^{3/2}} + \frac{(l+x)y}{((l+x)^2+y^2)^{3/2}} + \frac{x(-l+y)}{(x^2+(-l+y)^2)^{3/2}} + \frac{x(l+y)}{(x^2+(l+y)^2)^{3/2}}$$

$$\begin{aligned} \mathrm{CRB} = [\boldsymbol{J}(\boldsymbol{s})]^{-1} &= \Delta^2 \begin{bmatrix} \frac{a_{yy}}{a_{xx}a_{yy} - a_{xy}^2} & -\frac{a_{xy}}{a_{xx}a_{yy} - a_{xy}^2} \\ -\frac{a_{xy}}{a_{xx}a_{yy} - a_{xy}^2} & \frac{a_{xx}}{a_{xx}a_{yy} - a_{xy}^2} \end{bmatrix} \\ &= \Delta^2 [\boldsymbol{C}(\boldsymbol{s})]^{-1} \end{aligned} \tag{3-72}$$

考虑传感器节点分布的随机性以及定位算法精度与节点分布的相关性，采用 Fisher 椭圆分析定位算法[82]的性能。由估计理论可知，给定置信度 P_e，Fisher 椭圆给出位置 $\boldsymbol{s} = (x,y)^{\mathrm{T}}$ 的最大似然估计（ML）区域。记

$$\mathrm{CRB} = \begin{bmatrix} \sigma_x^2 & \sigma_{xy} \\ \sigma_{xy} & \sigma_y^2 \end{bmatrix} \tag{3-73}$$

随机矢量 $\hat{\boldsymbol{s}}$ 离差与尺度因子 κ 和矩阵 CRB 的特征值成正比[84]。特别地，长轴短轴分别为 $2\sqrt{\kappa\lambda_1}, 2\sqrt{\kappa\lambda_2}$ 的椭圆能更好地描述该离差，有

$$\kappa = -2\ln(1 - P_e) \tag{3-74}$$

$$\lambda_1 = \frac{1}{2}\left[\sigma_x^2 + \sigma_y^2 + \sqrt{(\sigma_x^2 - \sigma_y^2)^2 + 4\sigma_{xy}^2}\right] \tag{3-75}$$

$$\lambda_2 = \frac{1}{2}\left[\sigma_x^2 + \sigma_y^2 - \sqrt{(\sigma_x^2 - \sigma_y^2)^2 + 4\sigma_{xy}^2}\right] \tag{3-76}$$

根据文献［82］，给出 Fisher 椭圆公式：

$$\frac{[(\hat{x}-x)\cos\varphi + (\hat{y}-y)\sin\varphi]^2}{\kappa\lambda_1} + \frac{[(\hat{x}-x)\sin\varphi - (\hat{y}-y)\cos\varphi]^2}{\kappa\lambda_2} = 1,\ \sigma_x \geqslant \sigma_y \tag{3-77}$$

$$\frac{[(\hat{x}-x)\cos\varphi + (\hat{y}-y)\sin\varphi]^2}{\kappa\lambda_2} + \frac{[(\hat{x}-x)\sin\varphi - (\hat{y}-y)\cos\varphi]^2}{\kappa\lambda_1} = 1,\ \sigma_x < \sigma_y \tag{3-78}$$

式中：φ 为相对于椭圆主轴的旋转角，含义为椭圆主轴与参照轴的偏离程度。

旋转角 φ 由下式确定，即

$$\varphi = \frac{1}{2}\arctan\left(\frac{2\sigma_{xy}}{\sigma_x^2 - \sigma_y^2}\right) \tag{3-79}$$

仿真参数仍为 $R = 1$ 为半径的圆形区域。传感器节点通信半径 $r = 0.2$。4 个锚节点坐标分别为 $(-l,0)$，$(0,-l)$，$(l,0)$，$(0,l)$。令 $l = R$，通信半径 $r = 0.2$，$P_e = 0.95$。取节点密度 λ 为 100、120、140、160、180、200，则节点邻居数期望值 $\pi r^2 \lambda$ 分别为 12.5664、15.0796、17.5929、20.1062、22.6195、25.1327。为了更好地显示仿真结果，随机选择 50 个节点显示。其中，左边校正系数采用式（3-58），右边校正系数采用式（3-59）。

由图 3-9 可以看出，不管传感器节点密度 λ 大小，两种校正系数效果类似。节点定位误差随着节点密度的增加，定位误差随之减少。在有些场景第二种校正系数更好一些，主要是因为传感器节点密度的随机性导致。但是，不管用哪一个校正系数采用哪一种传感器节点密度，总有一小部分节点的定位误差超出了 Fisher 椭圆的范围，说明定位精度还有一定改进的空间。

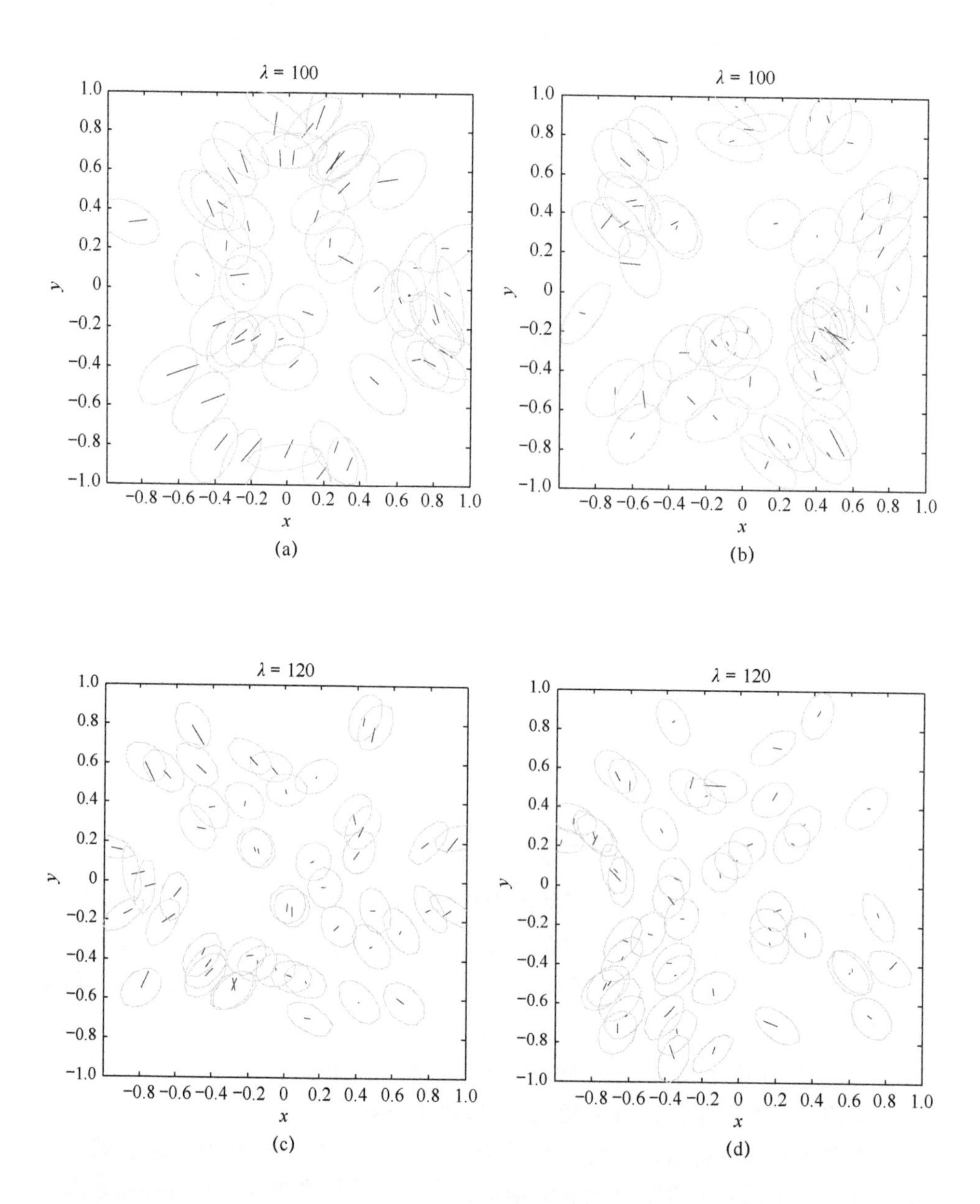

(a) (b) (c) (d)

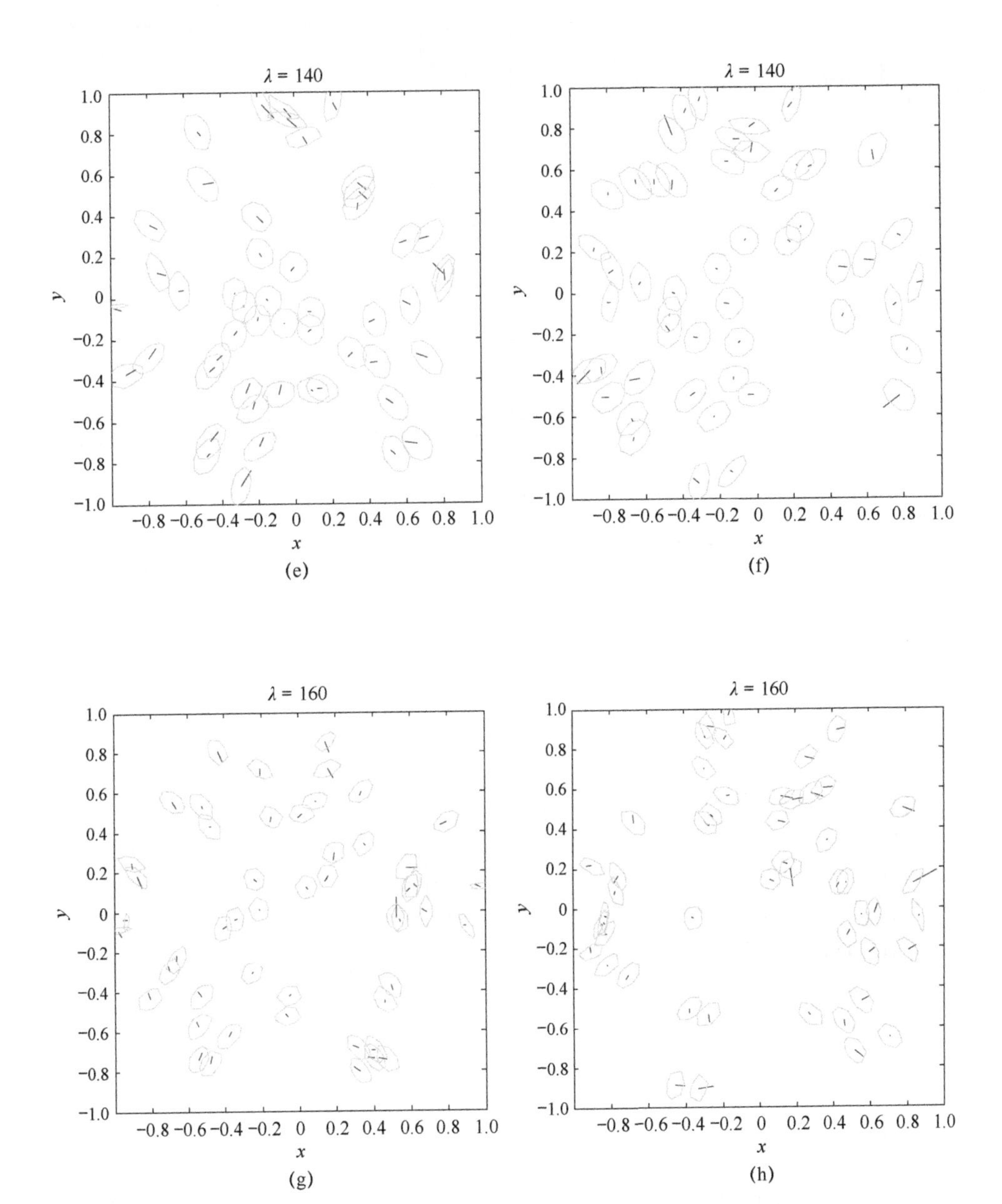

λ = 140
λ = 140
λ = 160
λ = 160
y
x
1.0
0.8
0.6
0.4
0.2
0
−0.2
−0.4
−0.6
−0.8
−1.0
−0.8 −0.6 −0.4 −0.2 0 0.2 0.4 0.6 0.8 1.0

(e) (f)

(g) (h)

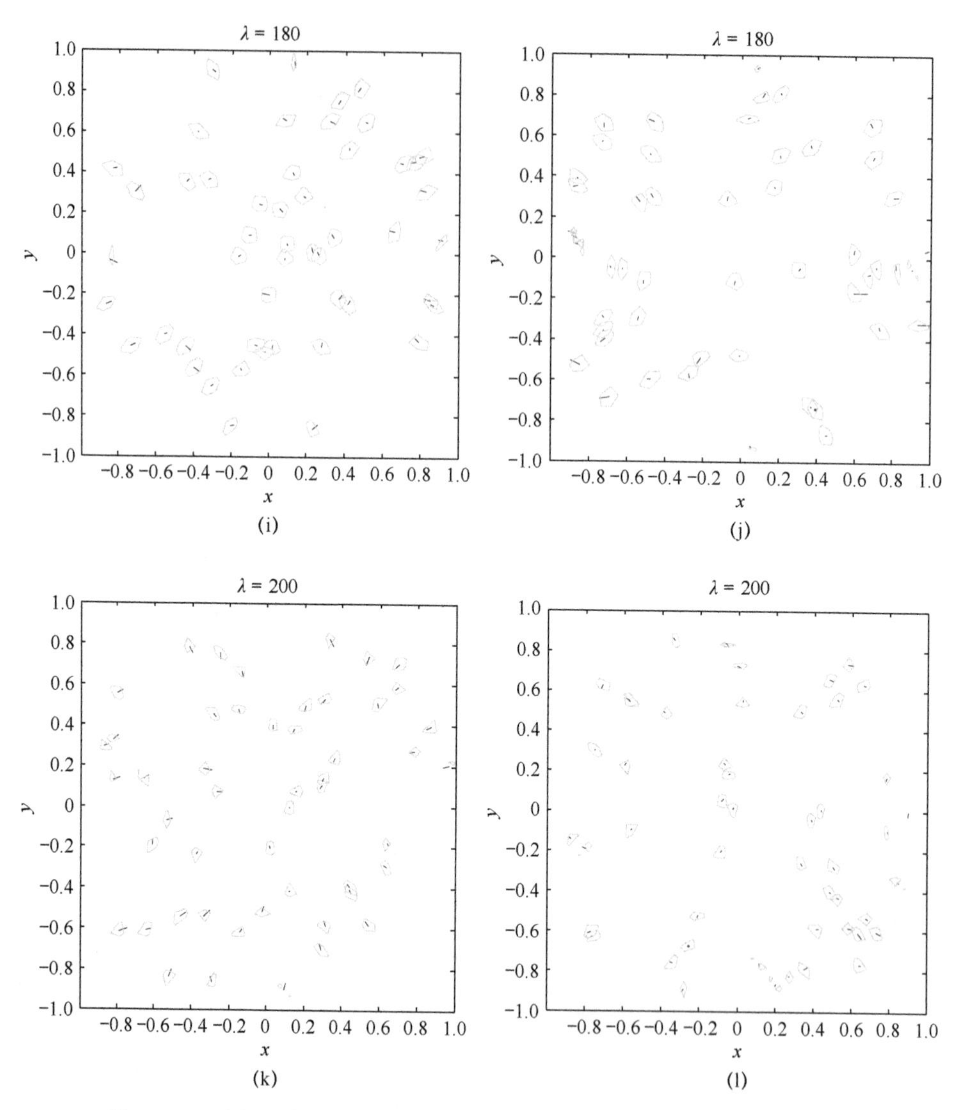

图 3-9 不同校正系数及不同传感器节点密度 λ 的定位误差及 Fisher 椭圆

三、定位求精

为了增加定位精度，考虑传感器节点计算能力，对传感器节点估计位置（式（3-22））利用泰勒级数算法进行一次迭代求精算法，根据式（3-72），迭代公式[83]为

$$\hat{\boldsymbol{s}}_2 = \hat{\boldsymbol{s}}_1 + [\boldsymbol{J}(\hat{\boldsymbol{s}}_1)]^{-1}[\boldsymbol{G}'(\hat{\boldsymbol{s}}_1)]^{\mathrm{T}}\boldsymbol{\Sigma}^{-1}(\hat{\boldsymbol{D}} - \boldsymbol{D}(\hat{\boldsymbol{s}}_1)) \tag{3-80}$$

式（3-80）经过化简转化，可得

$$\hat{\boldsymbol{s}}_2 = \hat{\boldsymbol{s}}_1 + [\boldsymbol{C}(\hat{\boldsymbol{s}}_1)]^{-1}[\boldsymbol{G}'(\hat{\boldsymbol{s}}_1)]^{\mathrm{T}}(\mathrm{diag}(\hat{\boldsymbol{D}}))^{-1}(\hat{\boldsymbol{D}} - \boldsymbol{D}(\hat{\boldsymbol{s}}_1)) \tag{3-81}$$

保持定位参数与前面相同，其中式（3-81）的右侧结果对应左侧迭代求精算法之后的结果，得到仿真结果如图3-10所示。可以看出，经过泰勒级数一次迭代求精算法，定位精度有所改善。由于采用一次迭代，故复杂度没有较大增加。

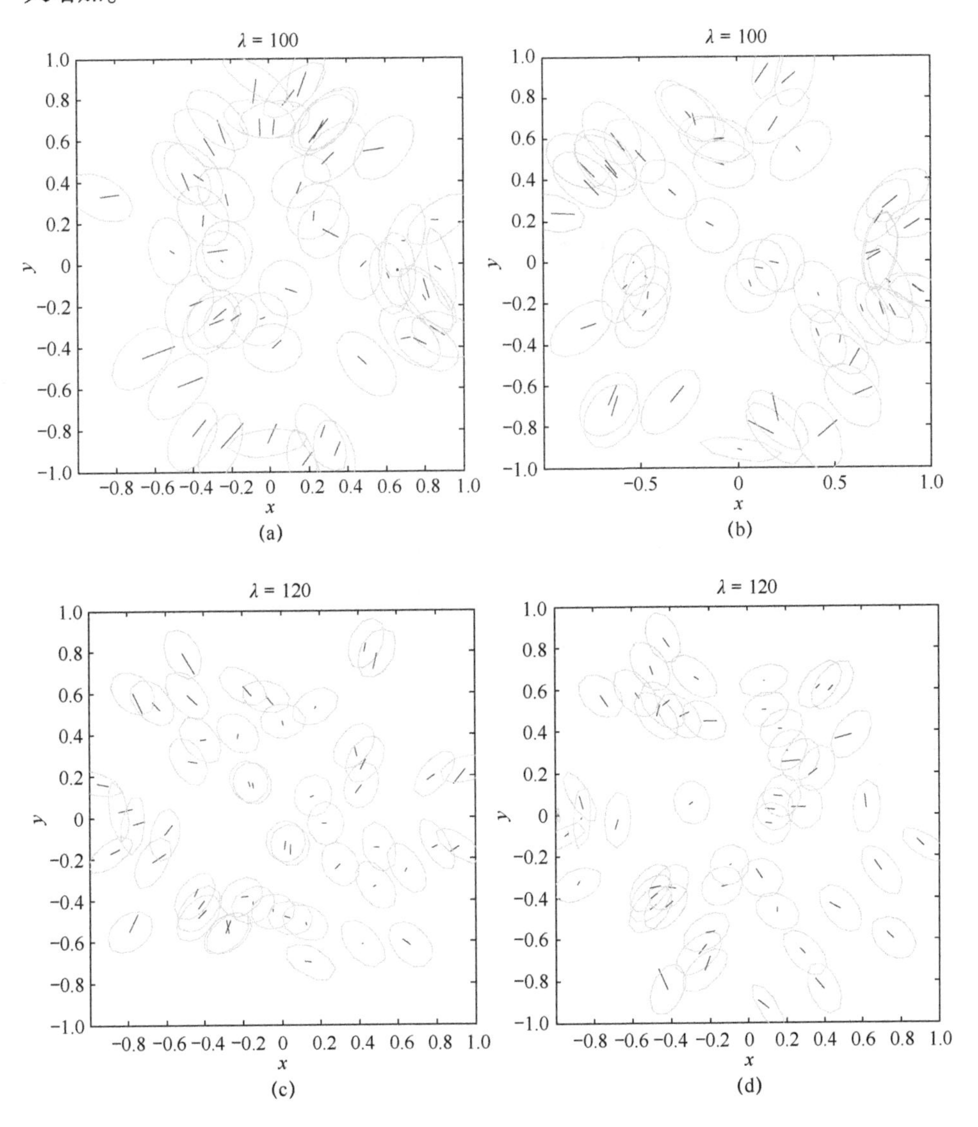

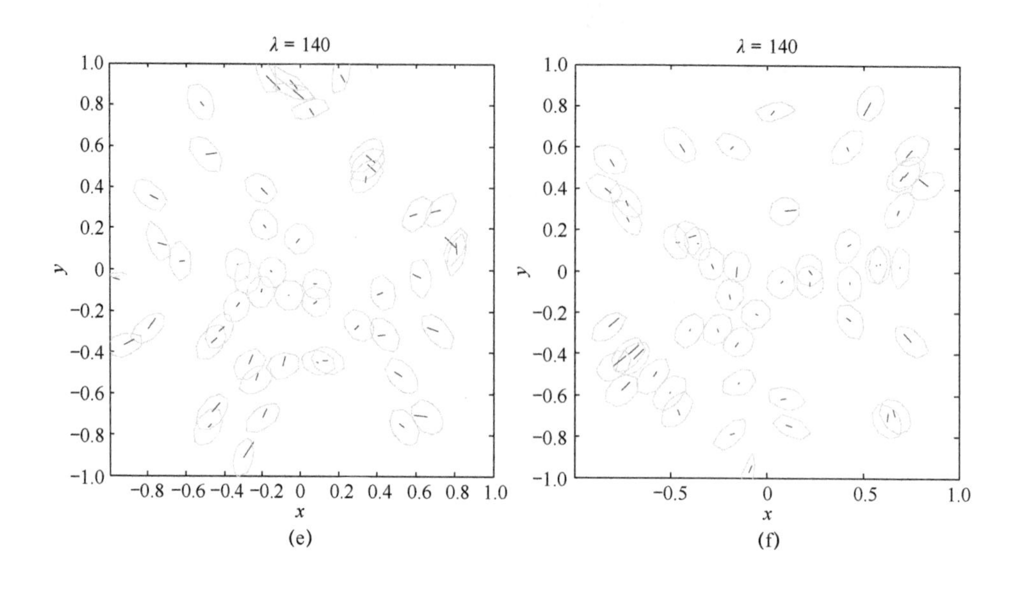
λ = 140
1.0
0.8
0.6
0.4
0.2
0
−0.2
−0.4
−0.6
−0.8
−1.0
−0.8 −0.6 −0.4 −0.2 0 0.2 0.4 0.6 0.8 1.0
x
y
λ = 140
−0.5 0 0.5 1.0
(e)

(f)

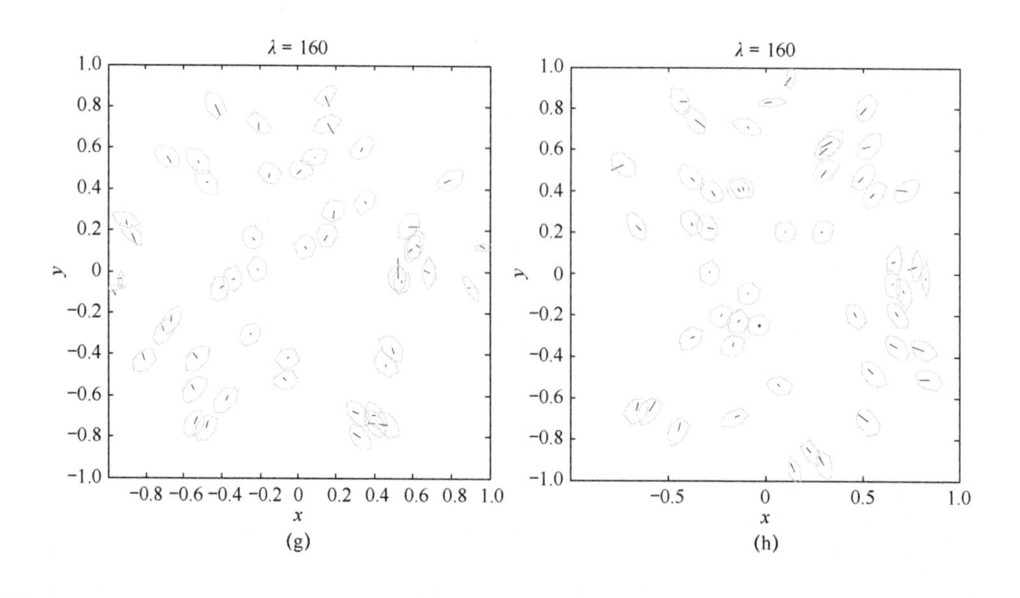
λ = 160
1.0
0.8
0.6
0.4
0.2
0
−0.2
−0.4
−0.6
−0.8
−1.0
−0.8 −0.6 −0.4 −0.2 0 0.2 0.4 0.6 0.8 1.0
x
y
λ = 160
−0.5 0 0.5 1.0
(g)

(h)

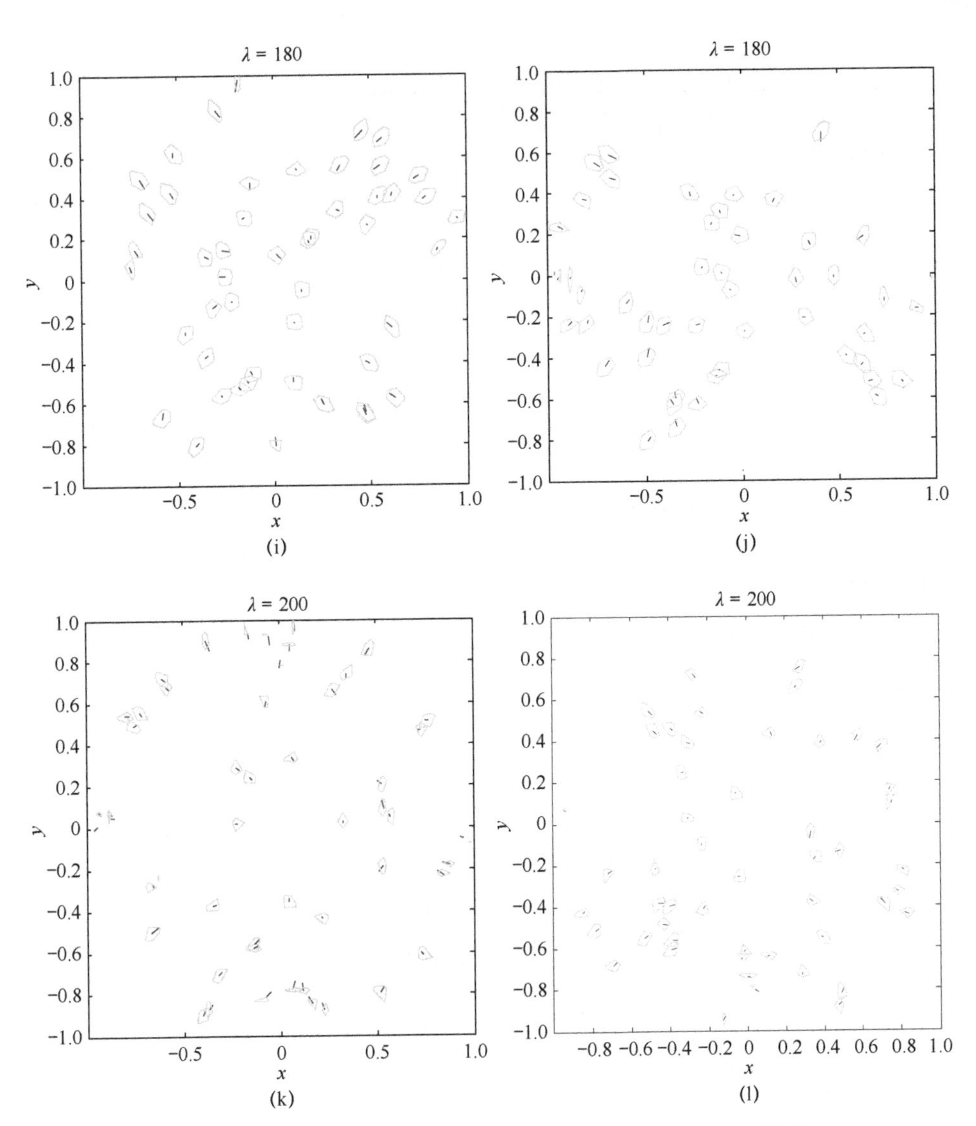

图 3-10　不同传感器节点密度 λ 的定位求精误差及 Fisher 椭圆

第四节　功率有限锚节点

下面，考虑锚节点通信半径与功率无穷大锚节点和普通节点都不同，但是通信半径满足

$$r_{\text{Anchor}} < l \tag{3-82}$$

的情况。设待定位节点位于锚节点的通信半径之外，即

$$\| s - A_j \| > r_{\text{Anchor}}, j = 1,2,3,4 \tag{3-83}$$

距离估计要求与第三节类似，测距仍然采用除锚节点的直接邻居节点外，只使用大于等于传感器节点通信半径 r 1/2 的距离的节点作为下一跳节点。同时，要求锚节点到下一跳的测距大于等于 $r_{\text{Anchor}} - \frac{r}{2}$。

由图 3-11 可知，区域 A 的面积为

$$\begin{aligned} A(\theta_{\text{Anchor}}) &= r_{\text{Anchor}}^2\theta_{\text{Anchor}} - \left(r_{\text{Anchor}} - \frac{r}{2}\right)^2\theta_{\text{Anchor}} \\ &= \left(r_{\text{Anchor}} - \frac{r}{4}\right)r\theta_{\text{Anchor}}(0 \leqslant \theta_{\text{Anchor}} \leqslant \pi) \end{aligned} \tag{3-84}$$

区域 A 中有节点的概率为

$$F_{\Theta}(\theta_{\text{Anchor}}) = P\{\Theta \leqslant \theta_{\text{Anchor}}\} = 1 - \mathrm{e}^{-\lambda A(\theta_{\text{Anchor}})} \tag{3-85}$$

则传感器节点坐标矢量与 x 轴夹角绝对值为 θ_{Anchor} 而夹角小于 θ_{Anchor} 没有其他节点的概率密度为

$$f_{\Theta}(\theta_{\text{Anchor}}) = \lambda\left(r_{\text{Anchor}} - \frac{r}{4}\right)r\mathrm{e}^{-\lambda\left(r_{\text{Anchor}}-\frac{r}{4}\right)r\theta_{\text{Anchor}}} \tag{3-86}$$

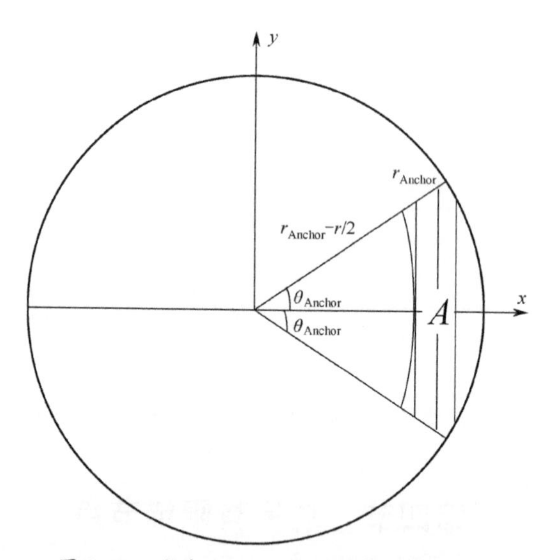

图 3-11 改进 DV-Distance 锚节点跳距分析

θ_{Anchor} 的均方差为

$$E(\theta_{\mathrm{Anchor}}^2)=\int_0^{\pi}\theta_{\mathrm{Anchor}}^2 f_{\Theta}(\theta_{\mathrm{Anchor}})\mathrm{d}\theta_{\mathrm{Anchor}}$$
$$=\frac{32-\mathrm{e}^{-\lambda\pi(r_{\mathrm{Anchor}}-\frac{r}{4})r}(32+\lambda\pi r(-8+\lambda\pi r(4r_{\mathrm{Anchor}}-r)^2))}{\lambda^2 r^2(4r_{\mathrm{Anchor}}-r)^2} \tag{3-87}$$

θ_{Anchor} 的余弦数学期望为

$$E(\cos(\theta_{\mathrm{Anchor}}))=\int_0^{\pi}\cos(\theta_{\mathrm{Anchor}})\lambda(r_{\mathrm{Anchor}}-\frac{r}{4})r\mathrm{e}^{-\lambda(r_{\mathrm{Anchor}}-\frac{r}{4})r\theta_{\mathrm{Anchor}}}\mathrm{d}\theta_{\mathrm{Anchor}}$$
$$=\frac{\lambda^2 r^2(4r_{\mathrm{Anchor}}-r)^2}{16+\lambda^2 r^2(4r_{\mathrm{Anchor}}-r)^2}(1+\mathrm{e}^{-\lambda\pi(r_{\mathrm{Anchor}}-\frac{r}{4})r}) \tag{3-88}$$

θ_{Anchor} 的余弦方差为

$$D(\cos\theta_{\mathrm{Anchor}})=E(\cos^2\theta_{\mathrm{Anchor}})-(E(\cos\theta_{\mathrm{Anchor}}))^2$$
$$=\frac{(1-\mathrm{e}^{-\lambda\pi(r_{\mathrm{Anchor}}-\frac{r}{4})r})(32+\lambda^2 r^2(4r_{\mathrm{Anchor}}-r)^2)}{64+\lambda^2 r^2(4r_{\mathrm{Anchor}}-r)^2} \tag{3-89}$$
$$-\left(\frac{\lambda^2 r^2(4r_{\mathrm{Anchor}}-r)^2}{16+\lambda^2 r^2(4r_{\mathrm{Anchor}}-r)^2}(1+\mathrm{e}^{-\lambda\pi(r_{\mathrm{Anchor}}-\frac{r}{4})r})\right)^2$$

设锚节点 $A_j(j=1,2,3,4)$ 至目标节点的跳数为 $h_j(j=1,2,3,4)$，跳距依次为 $d_{ij}(i=1,2,\cdots,h_j;j=1,2,3,4)$，其中 $d_{1j}(j=1,2,3,4)$ 分别为锚节点 $A_j(j=1,2,3,4)$ 的第一跳，节点信号传输方向与锚节点至目标节点方向夹角依次为 $\theta_{ij}(i=1,2,\cdots,h_j;j=1,2,3,4)$，其中 $\theta_{1j}(j=1,2,3,4)$ 分别为锚节点 $A_j(j=1,2,3,4)$ 的第一跳的相应夹角，令

$$d_j^{\mathrm{sum}}=\sum_{i=1}^{h_j}d_{ij} \tag{3-90}$$

记

$$d_j=\sum_{i=1}^{h_j}d_{ij}\cos\theta_{ij} \tag{3-91}$$

则锚节点 $A_j(j=1,2,3,4)$ 至目标节点的距离估计为

$$\hat{d}_j=E(d_j)=\sum_{i=1}^{h_j}d_{ij}E(\cos\theta_{ij})=d_{1j}E(\cos\theta_{1j})+\sum_{i=2}^{h_j}d_{ij}E(\cos\theta_{ij})$$
$$=d_{1j}\frac{\lambda^2 r^2(4r_{\mathrm{Anchor}}-r)^2}{16+\lambda^2 r^2(4r_{\mathrm{Anchor}}-r)^2}(1+\mathrm{e}^{-\lambda\pi(r_{\mathrm{Anchor}}-\frac{r}{4})r})$$

$$
\begin{aligned}
&+\sum_{i=2}^{h_j} d_{ij}\times\frac{9\lambda^2r^4}{16+9\lambda^2r^4}(1+\mathrm{e}^{-\frac{3}{4}\lambda\pi r^2})\\
&=d_{1j}\frac{\lambda^2r^2(4r_{\text{Anchor}}-r)^2}{16+\lambda^2r^2(4r_{\text{Anchor}}-r)^2}(1+\mathrm{e}^{-\lambda\pi(r_{\text{Anchor}}-\frac{r}{4})r})\\
&+\frac{9\lambda^2r^4}{16+9\lambda^2r^4}(1+\mathrm{e}^{-\frac{3}{4}\lambda\pi r^2})(d_j^{\text{sum}}-d_{1j})
\end{aligned}
\tag{3-92}
$$

由式（3-89）及式（3-49），可得

$$
\begin{aligned}
D(d_j)&=\sum_{i=1}^{h_j}D(d_{ij}\cos\theta_{ij})\\
&=D(\cos\theta_{\text{Anchor}})d_{1j}^2+D(\cos\theta)\sum_{i=2}^{h_j}d_{ij}^2
\end{aligned}
\tag{3-93}
$$

为了考虑普遍情况，除锚节点外，每一跳的平均跳距为

$$
\text{mean}(d)=\frac{1}{\frac{3}{4}\pi r^2}\int_{\frac{r}{2}}^{r}\int_0^{2\pi}\rho^2\mathrm{d}\rho\mathrm{d}\theta=\frac{7r}{9}
\tag{3-94}
$$

以及除锚节点外每一跳的平均跳距平方为

$$
\text{mean}(d^2)=\frac{1}{\pi r^2}\int_{\frac{r}{2}}^{r}\int_0^{2\pi}\rho^3\mathrm{d}\rho\mathrm{d}\theta=\frac{5r^2}{8}
\tag{3-95}
$$

则平均跳数为

$$
\text{mean}(h_j)=(d_j^{\text{sum}}-d_{1j})\Big/\left(\frac{7r}{9}\right)+1
\tag{3-96}
$$

考虑 d_j 与 $\hat{d}_j$ 对称性，已知 d_j 的情况下，$\hat{d}_j$ 满足

$$
\begin{aligned}
D(\hat{d}_j)&\approx D(\cos\theta_{\text{Anchor}})d_{1j}^2+(d_j^{\text{sum}}-d_{1j})\Big/\left(\frac{7r}{9}\right)\frac{5r^2}{8}D(\cos\theta)\\
&=d_{1j}^2D(\cos\theta_{\text{Anchor}})+\frac{45(d_j^{\text{sum}}-d_{1j})rD(\cos\theta)}{56}\\
&\approx\frac{45(d_j-d_{1j})rD(\cos\theta)}{56E(\cos\theta)}
\end{aligned}
\tag{3-97}
$$

定位算法及分析如下。

定位算法仍采用十字距离法公式（3-21）确定，节点与锚节点的距离估计采用如下步骤。

（1）采用经典的距离矢量交换，使全部的节点间获得至各锚节点的最短距离。每一个节点维护一个表 $\{A_j,d_j^{\text{sum}},d_{1j}\}(j=1,2,3,4)$，并和邻居节点交换更新。

（2）根据节点的相关信息校正节点与锚节点的距离。

校正方法1：采用式（3-52），校正系数（除第一跳外）为

$$c = \frac{9\lambda^2 r^4}{16 + 9\lambda^2 r^4}(1 + e^{-\frac{3}{4}\lambda\pi r^2}) \tag{3-98}$$

第一跳的校正系数为

$$c_1 = \frac{\lambda^2 r^2 (4r_{\text{Anchor}} - r)^2}{16 + \lambda^2 r^2 (4r_{\text{Anchor}} - r)^2}(1 + e^{-\lambda\pi(r_{\text{Anchor}} - \frac{r}{4})r}) \tag{3-99}$$

校正方法2：根据锚节点间的距离和最短距离确定校正系数（除第一跳外）为

$$c = \frac{4l - 4r_{\text{Anchor}}}{d_{13}^{\text{sum}} + d_{24}^{\text{sum}} - 4r_{\text{Anchor}}} \tag{3-100}$$

第一跳的校正系数为

$$c_1 = 1 \tag{3-101}$$

（3）当节点收到校正信息，计算出与锚节点的距离，采用十字距离法公式（3-21）计算节点的位置。

记 $\Delta^2 = \frac{45rD(\cos\theta)}{56E(\cos\theta)}$，这里只考虑多跳情况下的定位误差，也就是传感器节点在锚节点的通信范围之外，有

$$\begin{aligned} E(\hat{x}) &= E\left(\frac{\hat{d}_1^2 - \hat{d}_3^2}{4l}\right) = \frac{E(\hat{d}_1^2) - E(\hat{d}_3^2)}{4l} \\ &= \frac{E((d_1 + e_1)^2) - E((d_3 + e_3)^2)}{4l} \\ &= \frac{E(d_1^2) - E(d_3^2)}{4l} + \frac{E(e_1^2) - E(e_3^2)}{4l} \\ &= x + \frac{d_1 - d_2}{4l}\Delta^2 \end{aligned} \tag{3-102}$$

$$\begin{aligned} D(\hat{x}) &= D\left(\frac{\hat{d}_1^2 - \hat{d}_3^2}{4l}\right) = \frac{D(\hat{d}_1^2) + D(\hat{d}_3^2)}{16l^2} \\ &\approx \frac{4d_1^2(d_1 - r_{\text{Anchor}})\Delta^2 + 2(d_1 - r_{\text{Anchor}})^2\Delta^4 + 4d_3^2(d_3 - r_{\text{Anchor}})\Delta^2 + 2(d_3 - r_{\text{Anchor}})^2\Delta^4}{16l^2} \end{aligned} \tag{3-103}$$

$$E((\hat{x} - x)^2) = D(\hat{x} - x) + (E(\hat{x} - x))^2 = D(\hat{x}) + \left(\frac{d_1 - d_3}{4l}\Delta^2\right)^2 \tag{3-104}$$

当Δ很小时，则

$$E((\hat{x}-x)^2)\approx\frac{d_1^2(d_1-r_{\text{Anchor}})\Delta^2+d_3^2(d_3-r_{\text{Anchor}})\Delta^2}{4l^2}\tag{3-105}$$

同理，可得

$$E((\hat{y}-y)^2)\approx\frac{d_2^2(d_2-r_{\text{Anchor}})\Delta^2+d_4^2(d_4-r_{\text{Anchor}})\Delta^2}{4l^2}\tag{3-106}$$

则定位均方误差为

$$\begin{aligned}&E((\hat{x}-x)^2+(\hat{y}-y)^2)\\&\approx\frac{\Delta^2(d_1^3+d_2^3+d_3^3+d_4^3-r_{\text{Anchor}}(d_1^2+d_2^2+d_3^2+d_4^2))}{4l^2}\\&=\frac{\Delta^2}{4l^2}((((x+l)^2+y^2)^{3/2}+((x-l)^2+y^2)^{3/2}+(x^2+(y+l)^2)^{3/2}+\\&\quad(x^2+(y-l)^2)^{3/2})-\frac{\Delta^2 r_{\text{Anchor}}}{l^2}(x^2+y^2+l^2)\end{aligned}\tag{3-107}$$

下面，考虑式（3-107）所确定对于不同锚节点通信半径的均方差在区域Ω上的最大值与l之间的关系，如表3-3所列。

表3-3　$\max\limits_{\Omega}(\text{MSE})$随$l$的变化表

$l/(\times R)$ $\max(\text{MSE})/(\times\Delta^2)$	0.1	0.3	0.5	0.7	0.9	1.0
$r_{\text{Anchor}}=0.1R$	92.1519	12.1666	5.795	4.072	3.396	3.212
$r_{\text{Anchor}}=0.2R$	82.05	10.9556	5.295	3.768	3.168	3.007
$r_{\text{Anchor}}=0.3R$	71.952	9.744	4.795	3.464	2.937	2.800
$r_{\text{Anchor}}=0.4R$	61.852	8.533	4.295	3.149	2.705	2.594
$r_{\text{Anchor}}=0.5R$	51.752	7.322	3.795	2.835	2.475	2.387

由表3-3可以看出，不管r_{Anchor}的大小，随l的增大，在区域Ω的最大均方误差都会随之减少。

为了与普通锚节点进行误差比较，Fisher椭圆仍然采用普通锚节点的Fisher椭圆。我们针对不同的参数进行仿真，仿真参数如下：观测区域仍以原点为中心，$R=1$为半径的圆形区域。传感器通信半径$r=0.2$，锚节点的通信半径r分别取0.2、0.4、0.6。4个锚节点坐标分别位于$(-l,0),(0,-l),(l,0),(0,l)$。经过以上分析，确定$l=R$，且$P_e=0.95$。取节点密度$\lambda=100$，节点邻居

数期望值为 $\pi r^2\lambda=12.5664$。为更好地显示结果，在仿真过程中，随机选择50个节点显示。其中，左边校正系数采用式（3-98）和式（3-99），右边校正系数采用式（3-100）和式（3-101）。

由图3-12可以看出，随着锚节点通信半径的增大，节点定位精度越来越高，所以增加通信半径也是提高节点定位精度的一种途径。校正方法1各点的误差相对均匀，校正方法2各点的误差相差较大，这主要是传感器节点分布不太均匀所致。

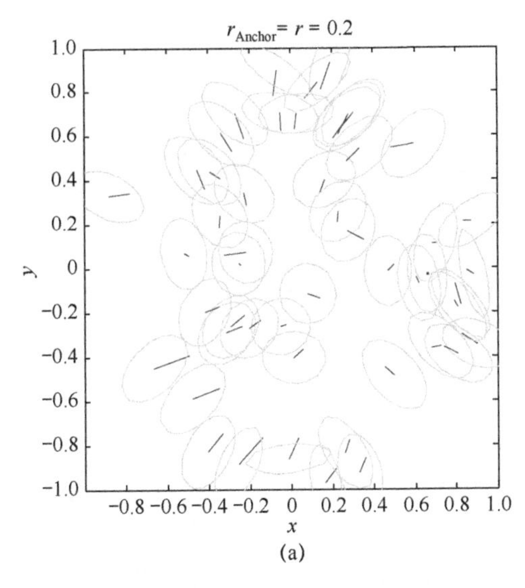

(a)

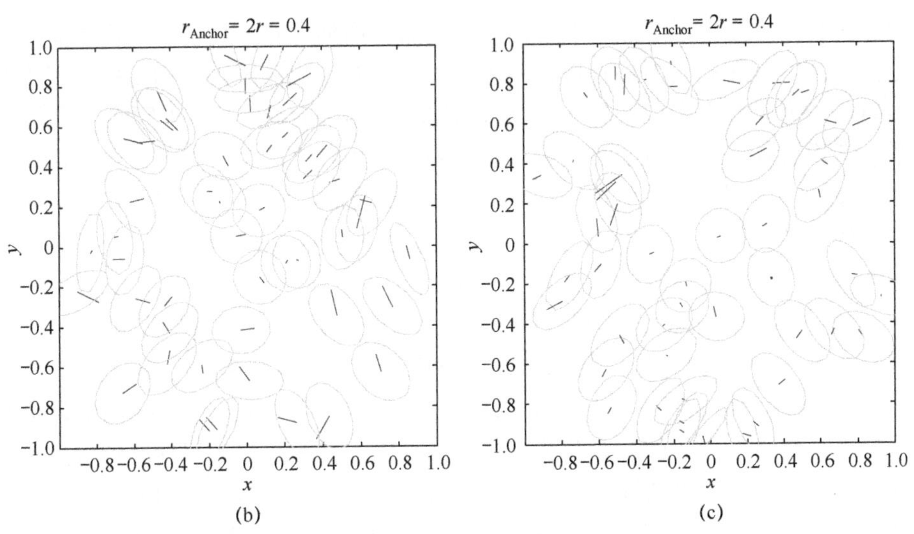

(b)　　(c)

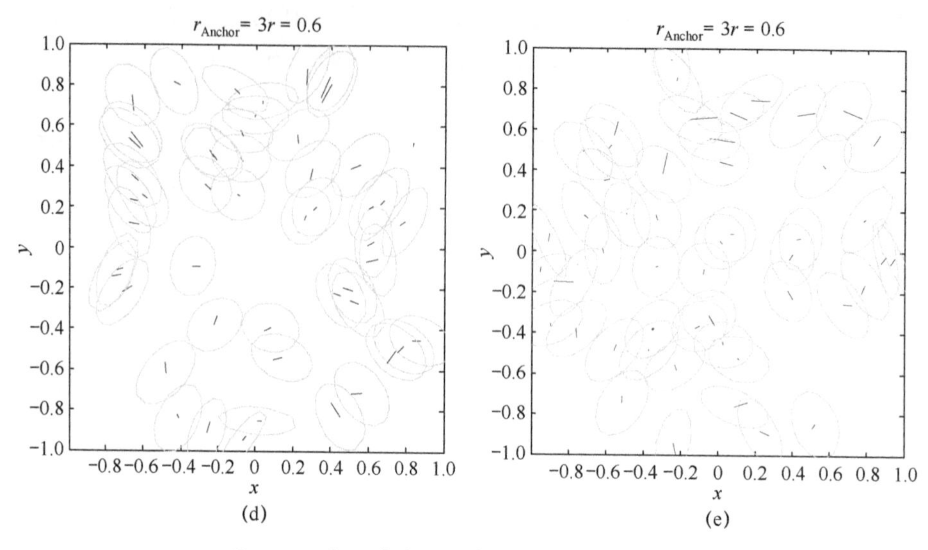

图 3-12 定位精度随锚节点通信半径的变化图

小 结

在本章中，讨论了在十字布局锚节点条件下，基于距离估计给出了定位算法，讨论了定位性能，并给出了定位求精的策略。

（1）考虑锚节点功率足够大，足以使每个节点能收到它播报的信息，我们称为功率无穷大锚节点。考虑测距误差服从高斯分布。为了给出简单有效的定位算法，首先利用图形直观显示了距离参数对定位的影响，据此提出了十字距离法。为了减少定位误差，分析了定位误差和锚节点与原点距离之间的关系。考虑实际情况，将锚节点放置在观测区域边界，即锚节点与原点距离和观测区域半径相同。通过分析并仿真了十字距离法的误差，通过泰勒级数算法一次迭代求精，定位误差基本达到了 CRB。通过与多边测量法的比较，说明了两种算法各自有复杂度低和精度高的优点。

（2）考虑锚节点与普通节点无异。针对 DV-Distance 测距的缺陷给出了改进 DV-Distance 测距方法。测距采取除锚节点直接邻居外至少为通信半径的 1/2，在此基础上可避免产生较大的误差。对传感器节点与锚节点距离估计进行了分析，并给出了两种距离校正方法。再利用十字距离法求出传感器节点的估计位置。考虑到距离估计与传感器节点的密度以及位置有关，而两者又都具有随机性，不适于利用 CRB 分析其误差，在此利用 Fisher 椭圆分析定位算法的性能。经分析发现，两种校正方法误差相差无几，基本都在 Fisher 椭圆内，但仍有少量的节点定位在 Fisher 椭圆外。通过泰勒级数算法一次迭代求精，发现定位误差有所改进。

（3）考虑锚节点为功率有限锚节点。仍然采取测距除锚节点直接邻居外至少为通信半径的 1/2。同样给出了两种距离校正方法，再利用十字距离法求出传感器节点的估计位置。由仿真试验发现，两种校正方法误差相差无几，并且随着锚节点通信半径的增大，精度越来越高。

第四章　基于距离差及跳距的传感器节点定位

第三章我们研究了在十字布局锚节点的情形下，已知传感器节点与各锚节点的距离估计，给出了十字距离法求解传感器节点位置的算法，并进行了误差估计和定位求精。但是在无线传感器网络应用中，大多数情况下无线传感器是没有经过时间校准的。另外，考虑到成本问题，无线传感器的时钟并不精确，这样我们就不能采用第三章基于距离估计的相关定位算法对传感器节点进行定位。这就需要我们设计一些不需要时间校准的定位算法。在本章探讨观测区域仍为圆形区域，锚节点的位置仍然是给定的，并且具有十字布局（图 3-1），传感器节点没有经过时间校准，但有 4 个锚节点是时间同步的情况下，不同锚节点通信半径下传感器节点的定位算法，及其定位误差受哪些因素的影响。

第一节　传感器网络模型

设传感器网络观测区域为以原点 O 为中心，R 为半径的圆形区域，配置如图 3-1 所示。设观测区域传感器节点位置为 $\boldsymbol{s} = (x, y)^{\mathrm{T}}$ 。锚节点分别布置在 $\boldsymbol{A}_1 = (-l, 0)^{\mathrm{T}}$ 、$\boldsymbol{A}_2 = (0, -l)^{\mathrm{T}}$ 、$\boldsymbol{A}_3 = (l, 0)^{\mathrm{T}}$ 、$\boldsymbol{A}_4 = (0, l)^{\mathrm{T}}$ 。

第二节　功率无穷大锚节点

由于传感器节点在布置前没有进行时间校准或因为其他原因和锚节点时间不同步。我们采用第一种 TDOA 方法[20]，即基于两个时钟同步的锚节点作为发射节点，传感器节点作为接收节点。它不需要整个传感器网络时间同步，只需要作为锚节点的发射节点时间同步。

设传感器节点与锚节点的距离估计满足

$$\hat{d}_j = d_j + d_0 + e_j, j = 1,2,3,4 \tag{4-1}$$

$$d_j = \| s - A_j \|, j = 1,2,3,4 \tag{4-2}$$

式中：$\hat{d}_j(j=1,2,3,4)$ 为节点与锚节点的估计距离；$d_j(j=1,2,3,4)$ 为节点与锚节点的实际距离；d_0 为未知确定值，由时钟偏差引起；$e_j(j=1,2,3,4)$ 为节点与锚节点的距离估计误差，记

$$\hat{\boldsymbol{D}}=[\hat{d}_1,\hat{d}_2,\hat{d}_3,\hat{d}_4]^{\mathrm{T}} \tag{4-3}$$

$$\boldsymbol{D}(s)=[d_1,d_2,d_3,d_4]^{\mathrm{T}} \tag{4-4}$$

式中：$\|\cdot\|$ 为欧几里得范数。

这里，假设误差 e_j 服从同一个高斯分布，即

$$e_j \sim N(0,\sigma^2),\ j=1,2,3,4 \tag{4-5}$$

一、定位算法及分析

定位算法的好坏主要考虑定位精度和复杂度。在给出定位算法之前，首先进行简单的定位分析。考虑

$$\sqrt{(x-(-l))^2+(y-0)^2}-\sqrt{(x-l)^2+(y-0)^2}=k\Delta\ ,\ k\in Z \tag{4-6}$$

$$\sqrt{(x-0)^2+(y-(-l))^2}-\sqrt{(x-0)^2+(y-l)^2}=k\Delta\ ,\ k\in Z \tag{4-7}$$

式中：Δ 为距离两点的距离差间隔。

由图 4-1 可知，可利用锚节点 A_1、A_3 的距离差和锚节点 A_2、A_4 的距离差确定的双曲线以及相关的距离差信息来确定传感器节点的坐标。由式（4-1）可得

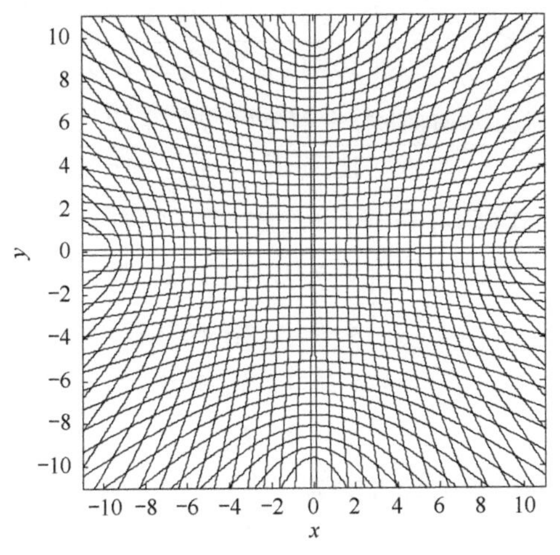

图 4-1　确定传感器节点坐标定位示意图

$$\begin{cases} \hat{d}_{13} = \hat{d}_1 - \hat{d}_3 = d_1 - d_3 + e_1 - e_3 \\ \hat{d}_{24} = \hat{d}_2 - \hat{d}_4 = d_2 - d_4 + e_2 - e_4 \end{cases} \tag{4-8}$$

令

$$d_{13} = d_1 - d_3 \tag{4-9}$$

$$d_{24} = d_2 - d_4 \tag{4-10}$$

则

$$\hat{d}_{13} \sim N(d_{13}, 2\sigma^2) \tag{4-11}$$

$$\hat{d}_{24} \sim N(d_{24}, 2\sigma^2) \tag{4-12}$$

由

$$\sqrt{(x-(-l))^2+(y-0)^2} - \sqrt{(x-l)^2+(y-0)^2} = d_{13} \tag{4-13}$$

$$\sqrt{(x-0)^2+(y-(-l))^2} - \sqrt{(x-0)^2+(y-l)^2} = d_{24} \tag{4-14}$$

移项并平方整理，可得

$$\begin{cases} \dfrac{x^2}{\left(\dfrac{d_{13}}{2}\right)^2} - \dfrac{y^2}{l^2 - \left(\dfrac{d_{13}}{2}\right)^2} = 1 \\ \dfrac{y^2}{\left(\dfrac{d_{24}}{2}\right)^2} - \dfrac{x^2}{l^2 - \left(\dfrac{d_{24}}{2}\right)^2} = 1 \end{cases} \tag{4-15}$$

则

$$\begin{cases} x^2 = \dfrac{d_{13}^2(d_{24}^2 - 4l^2)(-d_{13}^2 + d_{24}^2 + 4l^2)}{16l^2(d_{13}^2 + d_{24}^2 - 4l^2)} \\ y^2 = \dfrac{d_{24}^2(d_{13}^2 - 4l^2)(-d_{24}^2 + d_{13}^2 + 4l^2)}{16l^2(d_{13}^2 + d_{24}^2 - 4l^2)} \end{cases} \tag{4-16}$$

由式（4-13）、式（4-14）可以确定 x 、y 的符号为

$$\begin{cases} x \geqslant 0,\ d_{13} \geqslant 0 \\ x < 0,\ d_{13} < 0 \end{cases} \tag{4-17}$$

$$\begin{cases} y \geqslant 0,\ d_{24} \geqslant 0 \\ y < 0,\ d_{24} < 0 \end{cases} \tag{4-18}$$

由此可以给出节点的位置估计方法为

$$\begin{cases} \hat{x}^2 = \dfrac{\hat{d}_{13}^2(\hat{d}_{24}^2 - 4l^2)(-\hat{d}_{13}^2 + \hat{d}_{24}^2 + 4l^2)}{16l^2(\hat{d}_{13}^2 + \hat{d}_{24}^2 - 4l^2)} \\ \hat{y}^2 = \dfrac{\hat{d}_{24}^2(\hat{d}_{13}^2 - 4l^2)(-\hat{d}_{24}^2 + \hat{d}_{13}^2 + 4l^2)}{16l^2(\hat{d}_{13}^2 + \hat{d}_{24}^2 - 4l^2)} \end{cases} \tag{4-19}$$

$\hat{x}$、$\hat{y}$ 的符号可由下式确定，即

$$\begin{cases} \hat{x} \geqslant 0, \hat{d}_{13} \geqslant 0 \\ \hat{x} < 0, \hat{d}_{13} < 0 \end{cases} \tag{4-20}$$

$$\begin{cases} \hat{y} \geqslant 0, \ \hat{d}_{24} \geqslant 0 \\ \hat{y} < 0, \ \hat{d}_{24} < 0 \end{cases} \tag{4-21}$$

令矢量

$$\hat{\boldsymbol{s}}_1 = \begin{bmatrix} \hat{x} \\ \hat{y} \end{bmatrix} \tag{4-22}$$

该定位算法，我们称为**十字距离差法**。

由图 4-1 可知，根据沿 x 轴、y 轴方向的边界误差趋势，锚节点应放置在传感器区域的边界，即

$$l = R \tag{4-23}$$

二、定位误差下界——CRB

由式（2-14），可得

$$\boldsymbol{J}(\boldsymbol{s}) = [\boldsymbol{G}'(\boldsymbol{s})]^{\mathrm{T}}\boldsymbol{\Sigma}^{-1}[\boldsymbol{G}'(\boldsymbol{s})] = \frac{1}{\sigma^2}[\boldsymbol{G}'(\boldsymbol{s})]^{\mathrm{T}}[\boldsymbol{G}'(\boldsymbol{s})] \tag{4-24}$$

其中

$$\boldsymbol{G}'(\boldsymbol{s}) = \begin{bmatrix} \dfrac{\partial d_1}{\partial x} & \dfrac{\partial d_1}{\partial y} & \dfrac{\partial d_1}{\partial d_0} \\ \dfrac{\partial d_2}{\partial x} & \dfrac{\partial d_2}{\partial y} & \dfrac{\partial d_2}{\partial d_0} \\ \dfrac{\partial d_3}{\partial x} & \dfrac{\partial d_3}{\partial y} & \dfrac{\partial d_3}{\partial d_0} \\ \dfrac{\partial d_4}{\partial x} & \dfrac{\partial d_4}{\partial y} & \dfrac{\partial d_4}{\partial d_0} \end{bmatrix} \tag{4-25}$$

$$\frac{\partial d_j}{\partial x} = \frac{x - x_j}{d_j} = \frac{x - x_j}{\sqrt{(x - x_j)^2 + (y - y_j)^2}} \tag{4-26}$$

$$\frac{\partial d_j}{\partial y} = \frac{y - y_j}{d_j} = \frac{y - y_j}{\sqrt{(x - x_j)^2 + (y - y_j)^2}} \tag{4-27}$$

$$\frac{\partial d_j}{\partial d_0} = 1 \tag{4-28}$$

令

$$\boldsymbol{C}(\boldsymbol{s}) = [\boldsymbol{G}'(\boldsymbol{s})]^{\mathrm{T}}[\boldsymbol{G}'(\boldsymbol{s})] \tag{4-29}$$

$$\mathrm{CRB} = [\boldsymbol{J}(\boldsymbol{s})]^{-1} = \sigma^2 [\boldsymbol{C}(\boldsymbol{s})]^{-1} \tag{4-30}$$

设

$$[\boldsymbol{C}(\boldsymbol{s})]^{-1} = \begin{bmatrix} c_{11} & c_{12} & c_{12} \\ c_{21} & c_{22} & c_{23} \\ c_{31} & c_{32} & c_{33} \end{bmatrix} \tag{4-31}$$

经 Mathematica 计算可以得到所有的 c_{11}、c_{12}、c_{13}、c_{21}、c_{22}、c_{23}、c_{31}、c_{32}、c_{33} 的显式结果，由于式子冗长，这里不再列出。

定位的均方误差满足

$$E((\hat{x} - x)^2 + (\hat{y} - y)^2) \geqslant [\boldsymbol{J}(\boldsymbol{s})]_{11}^{-1} + [\boldsymbol{J}(\boldsymbol{s})]_{22}^{-1} = \sigma^2(c_{11} + c_{22}) \tag{4-32}$$

三、定位求精及仿真

为改善十字距离差法的定位精度，同时考虑传感器节点计算能力，对传感器节点估计位置（式（4-22））利用泰勒级数迭代算法只进行一次迭代求精，类似于式（3-43），迭代公式为

$$\begin{bmatrix} \hat{\boldsymbol{s}}_2 \\ \boldsymbol{c} \end{bmatrix} = \begin{bmatrix} \hat{\boldsymbol{s}}_1 \\ \boldsymbol{0} \end{bmatrix} + [\boldsymbol{C}(\hat{\boldsymbol{s}}_1)]^{-1} [\boldsymbol{G}'(\hat{\boldsymbol{s}}_1)]^{\mathrm{T}}(\hat{\boldsymbol{D}} - \boldsymbol{D}(\hat{\boldsymbol{s}}_1)) \tag{4-33}$$

如图3-1 的配置，取观测区域的半径为 $R = 1$ ，$l = R$ ，距离差测量误差服从 $N(0,\sigma^2)$（ $\sigma = 0.05$ ）。在图4-2 中，横坐标为节点坐标矢量和 x 轴的夹角 θ ，考虑到对称性，θ 的取值范围为 $[0,\pi/4]$ ；纵坐标为定位误差的均方差和相应的 CRB；r 为坐标矢量的长度，r 依次取值为 0.1、0.2、0.4、0.6、0.8、1.0。在图4-3 中，横坐标为节点坐标矢量的长度 r ，r 的取值范围为 $[0,1]$ ；纵坐标为定位误差的均方差和相应的 CRB；θ 依次取值为 0、$\pi/20$、$2\pi/20$、$3\pi/20$、$4\pi/20$、$5\pi/20$。

图4-2 和图4-3 中的 CRB 由式（4-32）确定，A_1 为十字距离差法定位误

差的均方差，A_2 为十字距离差法定位后再经过泰勒级数迭代算法一次迭代求精的定位误差的均方差。由图 4-2 和图 4-3 的仿真结果可以看出，传感器节点的误差经过泰勒级数迭代算法一次迭代求精，定位误差基本达到 CRB，只有当 $r = 1$，$\theta = 0$ 附近误差偏大，这主要是因为传感器节点距离锚节点太近，导致 $[\boldsymbol{C}(\hat{\boldsymbol{s}}_1)]^{-1}$ 行列式接近于 0 所致。

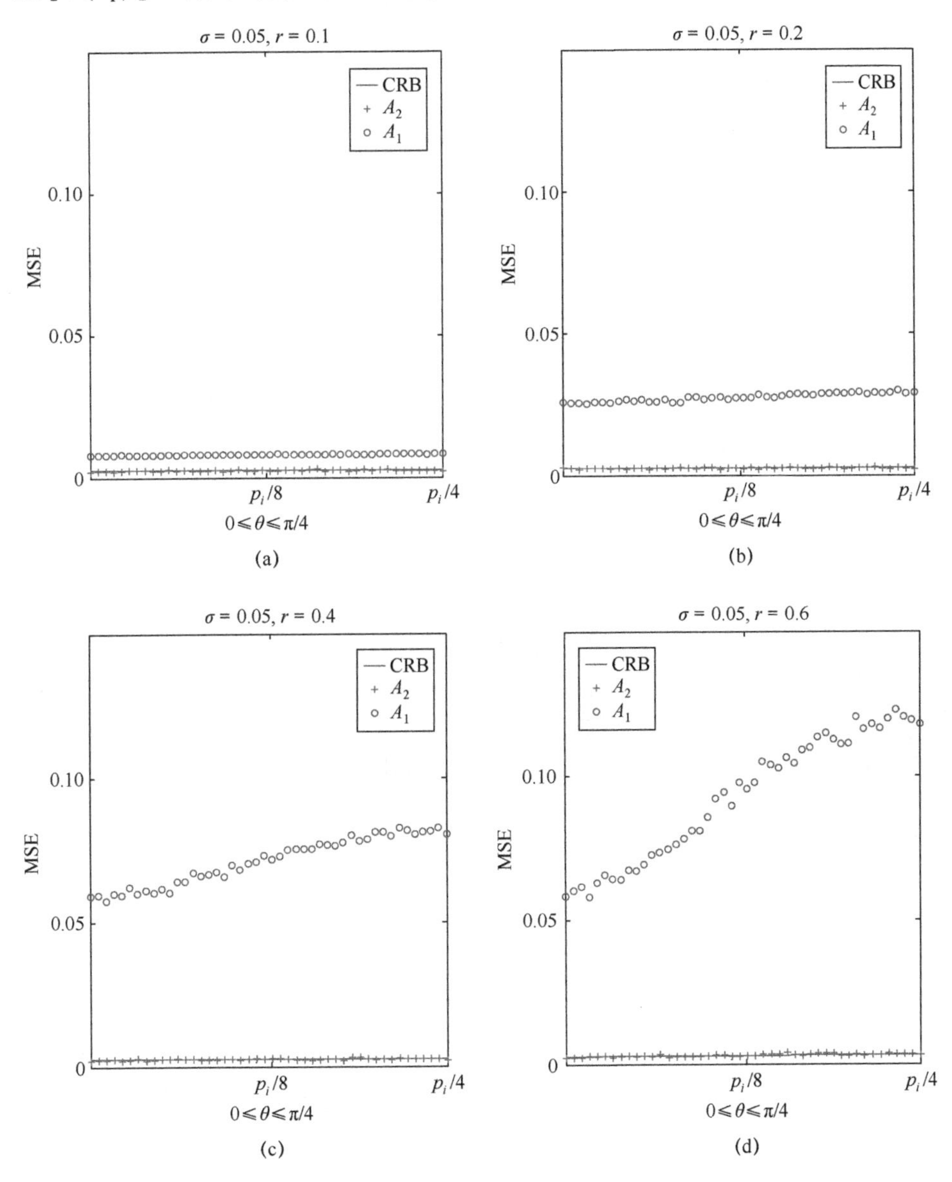

(a)　(b)　(c)　(d)

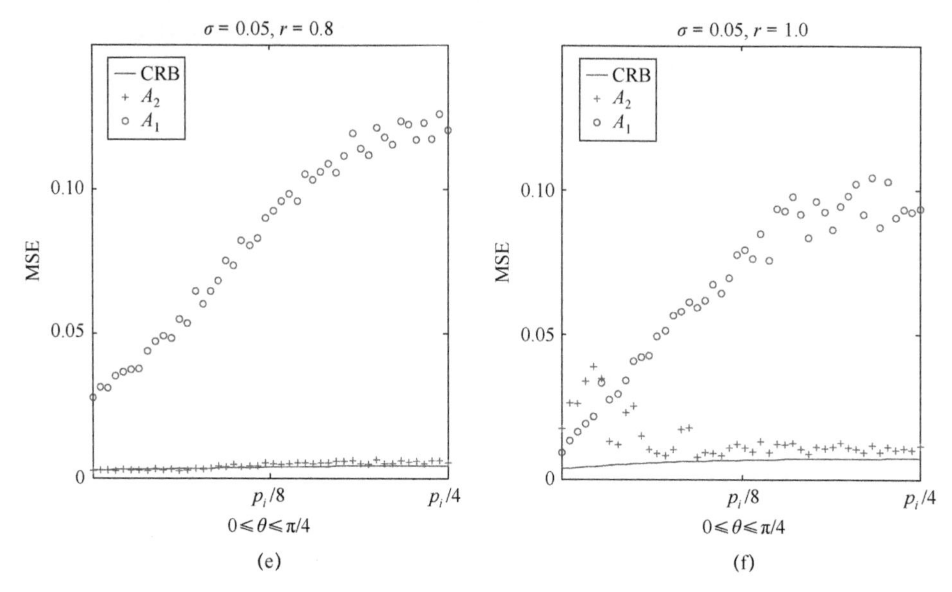

(e) (f)

图 4-2 与原点不同距离均方差与 CRB 变化趋势图

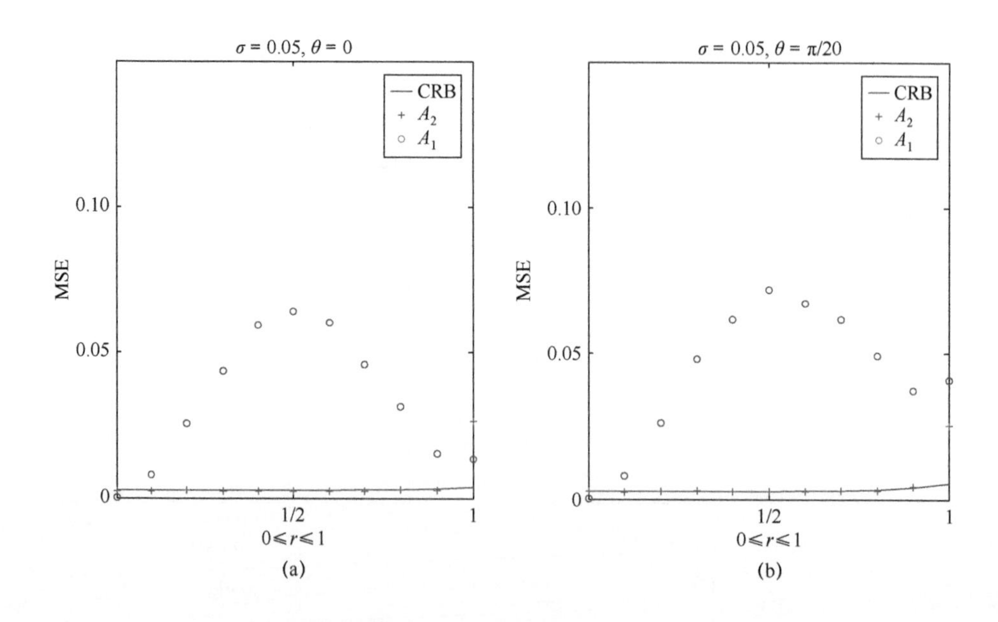

(a) (b)

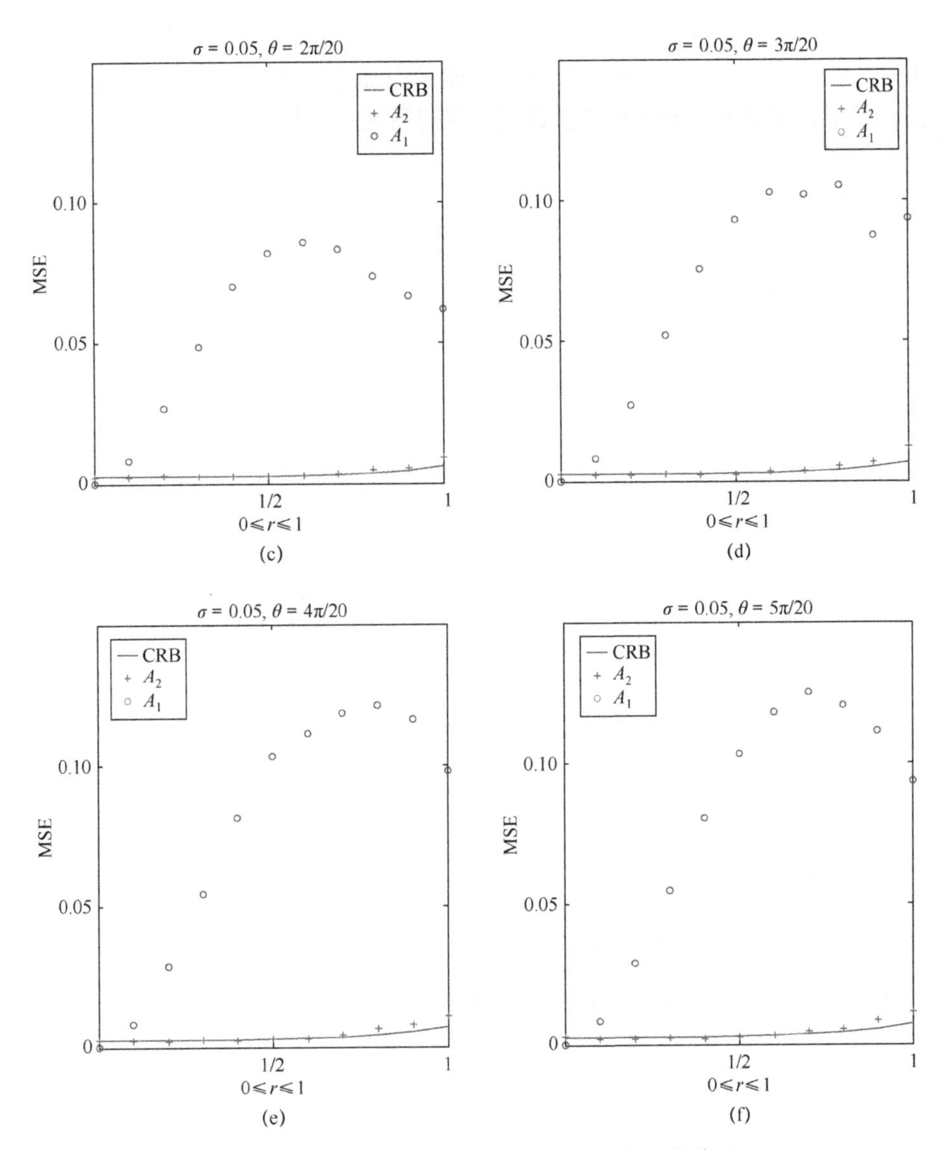

图 4-3 与 x 轴不同夹角均方差与 CRB 变化趋势图

第三节 普通锚节点

本节我们考虑当锚节点功率与普通传感器节点无异，无线传感器节点均匀分布，且节点率服从参数为 λ 的泊松分布的情况，其实 λ 通常也用来表示节点密度。设无线传感器节点通信半径为 r，则一个节点邻居数期望值为 $\pi r^2\lambda$，由于传感器节点之间时间没有校准，只能采用跳距来描述节点间距离估计。下面，基于普通锚节点的定位算法以及误差进行相关分析。

如图 4-4 所示，考虑每个锚节点至普通节点的跳数最小值，则每个节点必然尽可能选择指向目的节点最大跳距的节点作为下一跳。

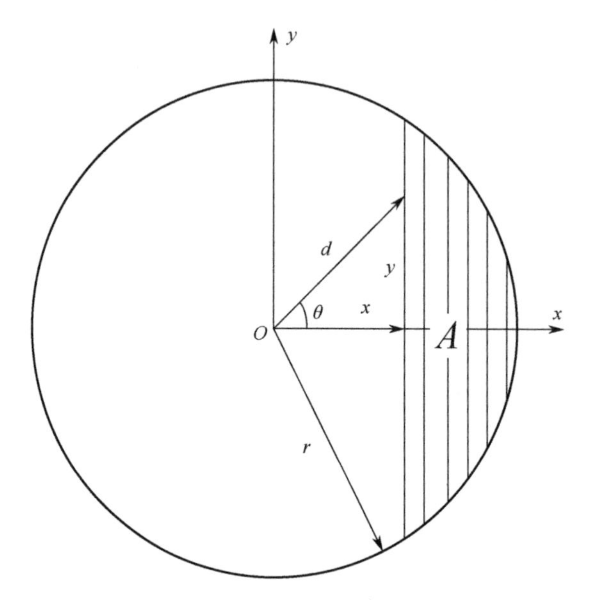

图 4-4　跳距分析

区域 A 的面积为

$$A(x) = 2\int_x^r \sqrt{r^2 - t^2}\,\mathrm{d}t = r^2\arccos\frac{x}{r} - x\sqrt{r^2 - x^2} \tag{4-34}$$

区域 A 内没有节点（在半径 r 的圆内没有横坐标大于 x 的节点）的概率为

$$F_X(x) = P\{X \leqslant x\} = \mathrm{e}^{-\lambda A(x)} \tag{4-35}$$

在半径 r 的圆内，节点的横坐标为 x 而没有横坐标大于 x 的节点的概率密度为

$$f_X(x) = \frac{\mathrm{d}F_X(x)}{\mathrm{d}x} = -\lambda A'(x)\mathrm{e}^{-\lambda A(x)} = 2\lambda\sqrt{r^2 - x^2}\,\mathrm{e}^{-\lambda\left(r^2\arccos\frac{x}{r} - x\sqrt{r^2 - x^2}\right)} \tag{4-36}$$

在半径 r 的圆内，节点的横坐标为 x 而没有横坐标大于 x 的节点的数学期望为

$$E(x) = \int_{-r}^{r} x f_X(x)\,\mathrm{d}x = 2\lambda\int_{-r}^{r} x\sqrt{r^2 - x^2}\,\mathrm{e}^{-\lambda\left(r^2\arccos\frac{x}{r} - x\sqrt{r^2 - x^2}\right)}\mathrm{d}x \tag{4-37}$$

式（4-37）就是节点的平均跳距。平均跳距的方差为

$$D(x) = \int_{-r}^{r} x^2 f_X(x)\,\mathrm{d}x - \left(\int_{-r}^{r} x f_X(x)\,\mathrm{d}x\right)^2 \tag{4-38}$$

如图4-4所示，对每一个给定的 x，$y \sim U[-\sqrt{r^2 - x^2}, \sqrt{r^2 - x^2}]$，$x^2 + y^2 = d^2$，则

$$\begin{aligned} f_{D|X}(d \mid x) &= [f_{Y|X}(y \mid x) + f_{Y|X}(-y \mid x)]\left|\frac{\mathrm{d}y}{\mathrm{d}d}\right| \\ &= \frac{1}{\sqrt{r^2 - x^2}} \times \frac{d}{|y|} = \frac{1}{2\sqrt{r^2 - x^2}} \times \frac{d}{\sqrt{d^2 - x^2}} \quad (|x| \leqslant d \leqslant r) \end{aligned} \tag{4-39}$$

令 $x = d\cos\theta (0 \leqslant \theta \leqslant \pi)$，考虑 d 关于 x 轴的对称性，可得

$$\begin{aligned} f_D(d) &= \int_{-d}^{d} f_{D|X}(d \mid x) f_X(x)\,\mathrm{d}x \\ &= \int_{-d}^{d} \frac{2\lambda d}{\sqrt{d^2 - x^2}} \mathrm{e}^{-\lambda\left(r^2 \arccos\left(\frac{x}{r}\right) - x\sqrt{r^2 - x^2}\right)}\,\mathrm{d}x \\ &= \int_0^{\pi} \frac{d f_X(d\cos\theta)}{\sqrt{r^2 - (d\cos\theta)^2}}\,\mathrm{d}\theta \\ &= \int_0^{\pi} 2\lambda d\,\mathrm{e}^{-\lambda\left(r^2 \arccos\left(\frac{d\cos\theta}{r}\right) - d\cos\theta\sqrt{r^2 - (d\cos\theta)^2}\right)}\,\mathrm{d}\theta \end{aligned} \tag{4-40}$$

$$\begin{aligned} f_{\Theta|X}(\theta \mid x) &= [f_{Y|X}(y \mid x) + f_{Y|X}(-y \mid x)]\left|\frac{\mathrm{d}y}{\mathrm{d}\theta}\right| \\ &= \begin{cases} \dfrac{x\sec^2\theta}{\sqrt{r^2 - x^2}}, & 0 \leqslant \theta \leqslant \arccos\dfrac{x}{r} \\ 0, & \text{其他} \end{cases} \quad (0 \leqslant x \leqslant r) \end{aligned} \tag{4-41}$$

$$\begin{aligned} f_{\Theta|X}(\theta \mid x) &= [f_{Y|X}(y \mid x) + f_{Y|X}(-y \mid x)]\left|\frac{\mathrm{d}y}{\mathrm{d}\theta}\right| \\ &= \begin{cases} \dfrac{-x\sec^2\theta}{\sqrt{r^2 - x^2}}, & \arccos\dfrac{x}{r} \leqslant \theta \leqslant \pi \\ 0, & \text{其他} \end{cases} \quad (-r \leqslant x < 0) \end{aligned} \tag{4-42}$$

$$f_{\Theta}(\theta) = \int_0^{r\cos\theta} f_{\Theta|X}(\theta \mid x) f_X(x)\,\mathrm{d}x = \int_0^{r\cos\theta} \frac{x\sec^2\theta}{\sqrt{r^2 - x^2}} f_X(x)\,\mathrm{d}x, 0 \leqslant \theta \leqslant \frac{\pi}{2} \tag{4-43}$$

$$f_{\Theta}(\theta) = \int_{r\cos\theta}^{0} f_{\Theta|X}(\theta \mid x) f_X(x)\mathrm{d}x = \int_{r\cos\theta}^{0} \frac{-x\sec^2\theta}{\sqrt{r^2 - x^2}} f_X(x)\mathrm{d}x, \quad \frac{\pi}{2} < \theta \leqslant \pi \tag{4-44}$$

式（4-43）和式（4-44）形式一致，可统一为

$$f_{\Theta}(\theta) = \int_{0}^{r\cos\theta} \frac{x\sec^2\theta}{\sqrt{r^2 - x^2}} f_X(x)\mathrm{d}x, \quad 0 \leqslant \theta \leqslant \pi \tag{4-45}$$

$$E(\theta^2) = \int_0^{\pi} \theta^2 f_{\Theta}(\theta)\mathrm{d}\theta = \int_0^{\pi}\int_0^{r\cos\theta} \theta^2 \sec^2\theta \times 2\lambda x \mathrm{e}^{-\lambda\left(r^2\arccos\frac{x}{r} - x\sqrt{r^2 - x^2}\right)}\mathrm{d}x\mathrm{d}\theta \tag{4-46}$$

根据以上分析，设节点至锚节点 $A_j(j = 1,2,3,4)$ 的跳数为 $h_j(j = 1,2,3,4)$，节点信号沿锚节点至目标节点前进距离依次为 $x_{ij}(i = 1,2,\cdots,h_j; j = 1,2,3,4)$，设锚节点 $A_j(j = 1,2,3,4)$ 至目标节点距离依次为 $d_j(j = 1,2,3,4)$，则

$$d_j = \sum_{i=1}^{h_j} x_{ij} \tag{4-47}$$

令

$$\hat{d}_j = E(d_j) = \sum_{i=1}^{h_j} E(x_{ij}) = h_j E(x) \tag{4-48}$$

则

$$D(d_j) = \sum_{i=1}^{h_j} D(x_{ij}) = h_j D(x) = \frac{\hat{d}_j D(x)}{E(x)} \tag{4-49}$$

式中：$E(x)$ 由式（4-37）确定，$D(x)$ 由式（4-38）确定。

一、定位算法及分析

定位算法仍采用十字距离法计算公式（3-21）来确定，关键是传感器节点与锚节点的距离的确定，主要采用估计方法 1、估计方法 2（DV-HOP 算法），步骤如下。

（1）采用经典的距离矢量交换，使全部的节点获得到各锚节点的最小跳数。每一个节点维护一个表 $\{A_j, h_j\}$，并和邻居节点交换更新。

（2）根据节点的相关信息来估计节点与锚节点的距离。

估计方法 1：采用式（4-48），估计系数为

$$c = E(x) \tag{4-50}$$

估计方法 2（DV-hop 算法）：根据锚节点间的距离和最小跳数，估计系数为

$$c = \frac{4l}{h_{13}^{\text{sum}} + h_{24}^{\text{sum}}} \tag{4-51}$$

式中：h_{13}^{sum}、h_{24}^{sum} 分别为锚节点 A_1、A_3 间的最小跳数以及锚节点 A_2、A_4 间的最小跳数。

（3）当节点收到校正信息，计算出与锚节点的距离估计，就可以利用式（3-21）计算节点的位置。

记 $\Delta^2 = \dfrac{D(x)}{E(x)}$，考虑 d_j 与 $\hat{d}_j$ 对称性，在已知 d_j 的情况下，$\hat{d}_j$ 满足

$$\hat{d}_j \sim N(d_j, d_j\Delta^2),\ j = 1,2,3,4 \tag{4-52}$$

$$\begin{aligned} E(\hat{x}) &= E\left(\frac{\hat{d}_1^2 - \hat{d}_3^2}{4l}\right) = \frac{E(\hat{d}_1^2) - E(\hat{d}_3^2)}{4l} \\ &= \frac{E((d_1 + e_1)^2) - E((d_3 + e_3)^2)}{4l} \\ &= \frac{E(d_1^2) - E(d_3^2)}{4l} + \frac{E(e_1^2) - E(e_3^2)}{4l} \\ &= x + \frac{d_1 - d_3}{4l}\Delta^2 \end{aligned} \tag{4-53}$$

$$\begin{aligned} D(\hat{x}) &= D\left(\frac{\hat{d}_1^2 - \hat{d}_3^2}{4l}\right) = \frac{D(\hat{d}_1^2) + D(\hat{d}_3^2)}{16l^2} \\ &= \frac{4d_1^3\Delta^2 + 2d_1^2\Delta^4 + 4d_3^3\Delta^2 + 2d_3^2\Delta^4}{16l^2} \end{aligned} \tag{4-54}$$

位置估计的横坐标均方差为

$$\begin{aligned} E((\hat{x} - x)^2) &= D(\hat{x} - x) + (E(\hat{x} - x))^2 = D(\hat{x}) + \left(\frac{d_1 - d_3}{4l}\Delta^2\right)^2 \\ &= \frac{4d_1^3\Delta^2 + 3d_1^2\Delta^4 + 4d_3^3\Delta^2 + 3d_3^2\Delta^4 - 2d_1d_3\Delta^4}{16l^2} \end{aligned} \tag{4-55}$$

同理，可得

$$\begin{aligned} E(\hat{y}) &= E\left(\frac{\hat{d}_2^2 - \hat{d}_4^2}{4l}\right) = \frac{E(\hat{d}_2^2) - E(\hat{d}_4^2)}{4l} \\ &= \frac{E((d_2 + e_2)^2) - E((d_4 + e_4)^2)}{4l} \\ &= \frac{E(d_2^2) - E(d_4^2)}{4l} + \frac{E(e_2^2) - E(e_4^2)}{4l} \end{aligned}$$

$$= y + \frac{d_2 - d_4}{4l}\Delta^2 \tag{4-56}$$

$$D(\hat{y}) = D\left(\frac{\hat{d}_2^2 - \hat{d}_4^2}{4l}\right) = \frac{D(\hat{d}_2^2) + D(\hat{d}_4^2)}{16l^2}$$

$$= \frac{4d_2^3\Delta^2 + 2d_2^2\Delta^4 + 4d_4^3\Delta^2 + 2d_4^2\Delta^4}{16l^2} \tag{4-57}$$

位置估计的纵坐标均方差为

$$E((\hat{y} - y)^2) = D(\hat{y} - y) + (E(\hat{y} - y))^2$$

$$= D(\hat{y}) + (\frac{d_2 - d_4}{4l}\Delta^2)^2$$

$$= \frac{4d_2^3\Delta^2 + 3d_2^2\Delta^4 + 4d_4^3\Delta^2 + 3d_4^2\Delta^4 - 2d_2d_4\Delta^4}{16l^2} \tag{4-58}$$

当 Δ 很小时，位置估计的均方差可近似为

$$E((\hat{x} - x)^2 + (\hat{y} - y)^2) \approx \frac{\Delta^2(d_1^3 + d_2^3 + d_3^3 + d_4^3)}{4l^2}$$

$$= \frac{\Delta^2}{4l^2}(((x + l)^2 + y^2)^{3/2} + ((x - l)^2 + y^2)^{3/2}$$

$$+ (x^2 + (y + l)^2)^{3/2} + (x^2 + (y - l)^2)^{3/2}) \tag{4-59}$$

考虑式（4-59）所确定的位置估计的均方差在区域 Ω 上的平均值

$$\underset{\Omega}{\text{mean}}(\text{MSE}) = \frac{\dfrac{\Delta^2}{4l^2}\iint\limits_{\Omega}(((x + l)^2 + y^2)^{3/2} + ((x - l)^2 + y^2)^{3/2} + (x^2 + (y + l)^2)^{3/2} + (x^2 + (y - l)^2)^{3/2})\mathrm{d}x\mathrm{d}y}{\iint\limits_{\Omega}1\mathrm{d}x\mathrm{d}y} \tag{4-60}$$

与 l 之间的关系，其中 $\Omega = \{(x,y) \mid x^2 + y^2 \leqslant R^2\}$，经 Mathematica 计算得到数据如表 4-1 所列。

表 4-1　$\underset{\Omega}{\text{mean}}(\text{MSE})$ 随 l 的变化表

$l/(\times R)$	0.1	0.5	1.0	1.1	1.2	2.0
$\underset{\Omega}{\text{mean}}(\text{MSE})/(\times \Delta^2)$	41.5028	3.17	2.173	2.16	2.165	2.57

由表 4-1 可以看出，随着 l 的增大，在区域 Ω 的平均均方误差随之减少，

但在 $l = 1.1R$ 处，$\underset{\Omega}{\text{mean}}\text{MSE} = 2.16\Delta^2$ 为极小值，然后，随着 l 的增大，在区域 Ω 的平均均方误差随之增大。

下面，考虑式（4-59）所确定的位置估计的均方差

$$\max_{\Omega}(\text{MSE}) = \frac{\Delta^2}{4l^2}\max_{\Omega}(((x+l)^2+y^2)^{3/2}+((x-l)^2+y^2)^{3/2} + (x^2+(y+l)^2)^{3/2}+(x^2+(y-l)^2)^{3/2}) \tag{4-61}$$

在区域 Ω 上的最大值与 l 之间的关系，其中 $\Omega = \{(x,y) \mid x^2+y^2 \leqslant R^2\}$，经 Mathematica 计算得相关数据如表 4-2 所列。

表 4-2　$\max\limits_{\Omega}(\text{MSE})$ 随 l 的变化表

$l/(\times R)$	0.1	0.5	1.0	1.5	1.6	1.7
$\max\limits_{\Omega}(\text{MSE})/(\times\Delta^2)$	102.25	6.295	3.414	3.052	3.049	3.06

由表 4-2 可以看出，随着 l 的增大，在区域 Ω 的最大均方误差随之减少。但是，在 $l = 1.6R$ 处，$\underset{\Omega}{\max}\text{MSE} = 3.049\Delta^2$ 为极小值。然后，随着 l 的增大，在区域 Ω 的最大均方误差随之增大。

二、定位误差边界——Fisher 椭圆

首先，给出误差 CRB；然后，利用 Fisher 椭圆进行误差仿真分析。由式（2-9）及式（4-52），可得

$$\boldsymbol{J} = \frac{\partial\boldsymbol{\mu}^{\mathrm{T}}(\boldsymbol{\theta})}{\partial\boldsymbol{\theta}}\boldsymbol{\Sigma}_{\eta}^{-1}\frac{\partial\boldsymbol{\mu}(\boldsymbol{\theta})}{\partial\boldsymbol{\theta}^{\mathrm{T}}} = [\boldsymbol{G}'(\boldsymbol{s})]^{\mathrm{T}}\boldsymbol{\Sigma}^{-1}[\boldsymbol{G}'(\boldsymbol{s})] \tag{4-62}$$

其中

$$\boldsymbol{G}'(s) = \begin{bmatrix} \dfrac{\partial d_1}{\partial x} & \dfrac{\partial d_1}{\partial y} \\ \dfrac{\partial d_2}{\partial x} & \dfrac{\partial d_2}{\partial y} \\ \dfrac{\partial d_3}{\partial x} & \dfrac{\partial d_3}{\partial y} \\ \dfrac{\partial d_4}{\partial x} & \dfrac{\partial d_4}{\partial y} \end{bmatrix}$$

$$\frac{\partial d_j}{\partial x} = \frac{x-x_j}{d_j} = \frac{x-x_j}{\sqrt{(x-x_j)^2+(y-y_j)^2}}$$

$$\frac{\partial d_j}{\partial y} = \frac{y-y_j}{d_j} = \frac{y-y_j}{\sqrt{(x-x_j)^2+(y-y_j)^2}}$$

$$\boldsymbol{\Sigma}^{-1}=\begin{bmatrix}\frac{1}{d_1\Delta^2} & 0 & 0 & 0\\ 0 & \frac{1}{d_2\Delta^2} & 0 & 0\\ 0 & 0 & \frac{1}{d_3\Delta^2} & 0\\ 0 & 0 & 0 & \frac{1}{d_4\Delta^2}\end{bmatrix}$$

记

$$\boldsymbol{J}(\boldsymbol{s})=\frac{1}{\Delta^2}\begin{bmatrix}a_{xx} & a_{xy}\\ a_{xy} & a_{yy}\end{bmatrix} \tag{4-63}$$

$$a_{xx}=\frac{(-l+x)^2}{((-l+x)^2+y^2)^{3/2}}+\frac{(l+x)^2}{((l+x)^2+y^2)^{3/2}}+\frac{x^2}{(x^2+(-l+y)^2)^{3/2}}+\frac{x^2}{(x^2+(l+y)^2)^{3/2}}$$

$$a_{yy}=\frac{y^2}{((-l+x)^2+y^2)^{3/2}}+\frac{y^2}{((l+x)^2+y^2)^{3/2}}+\frac{(-l+y)^2}{(x^2+(-l+y)^2)^{3/2}}+\frac{(l+y)^2}{(x^2+(l+y)^2)^{3/2}}$$

$$a_{xy}=\frac{(-l+x)y}{((-l+x)^2+y^2)^{3/2}}+\frac{(l+x)y}{((l+x)^2+y^2)^{3/2}}+\frac{x(-l+y)}{(x^2+(-l+y)^2)^{3/2}}+\frac{x(l+y)}{(x^2+(l+y)^2)^{3/2}}$$

$$\mathrm{CRB}=[\boldsymbol{J}(\boldsymbol{s})]^{-1}=\Delta^2\begin{bmatrix}\frac{a_{yy}}{a_{xx}a_{yy}-a_{xy}^2} & -\frac{a_{xy}}{a_{xx}a_{yy}-a_{xy}^2}\\ -\frac{a_{xy}}{a_{xx}a_{yy}-a_{xy}^2} & \frac{a_{xx}}{a_{xx}a_{yy}-a_{xy}^2}\end{bmatrix}=\Delta^2[\boldsymbol{C}(\boldsymbol{s})]^{-1} \tag{4-64}$$

设观测区域是以 $R=1$ 为半径的圆形区域，传感器通信半径 $r=0.2$ 。4 个锚节点坐标分别位于 $(-l,0)(0,-l)(l,0)(0,l)$ ，$l=R$ ，$P_e=0.95$ 。取节点密度 λ 分别为 100，120，140，160，180，200，节点邻居数期望值 $\pi r^2\lambda$ 分别为 12.5664，15.0796，17.5929，20.1062，22.6195，25.1327。左边估计系数采用式（4-50），右边估计系数采用式（4-51）。

由图 4-5 可以看出，不管传感器节点密度大小，两种校正系数效果差别不大，节点定位误差随着节点密度的增加定位误差随之减少。在有些场景第二种校正系数更好一些，原因是传感器节点密度的随机性导致。但是，不管哪一种校正系数、哪一种传感器节点密度，总有一小部分节点的定位误差超出了Fisher椭圆的范围，这说明定位误差还有改进的空间。

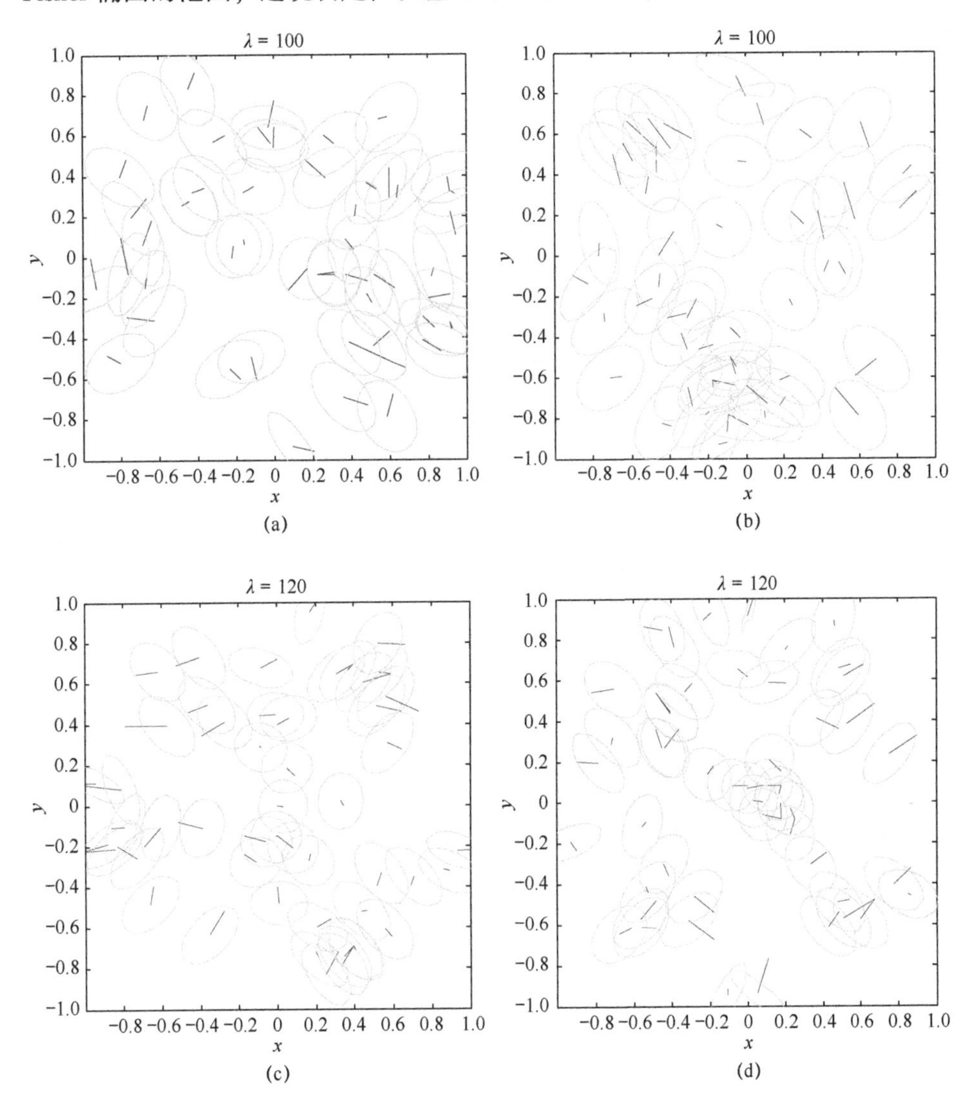

(a)　(b)　(c)　(d)

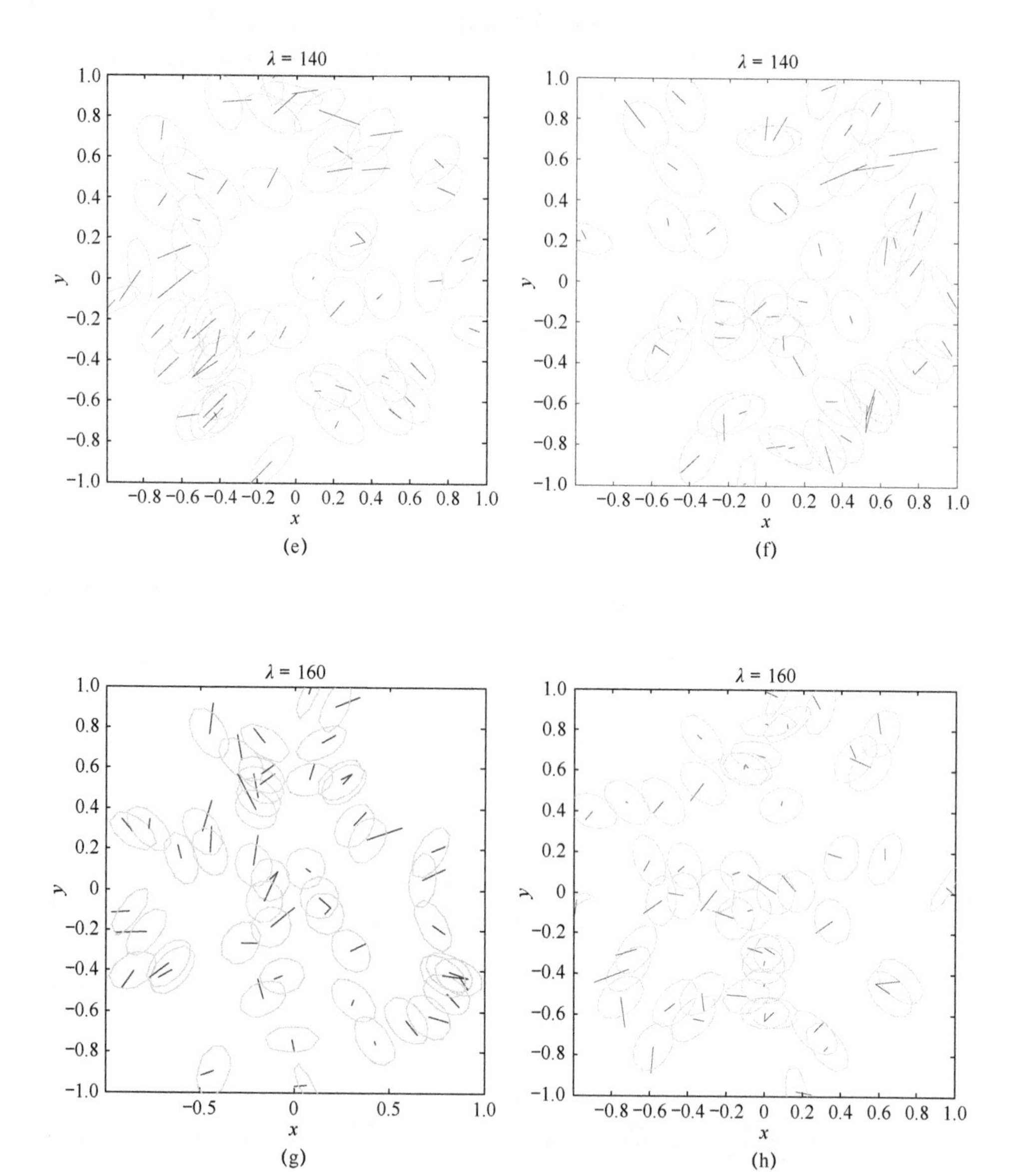

(e) (f) (g) (h)

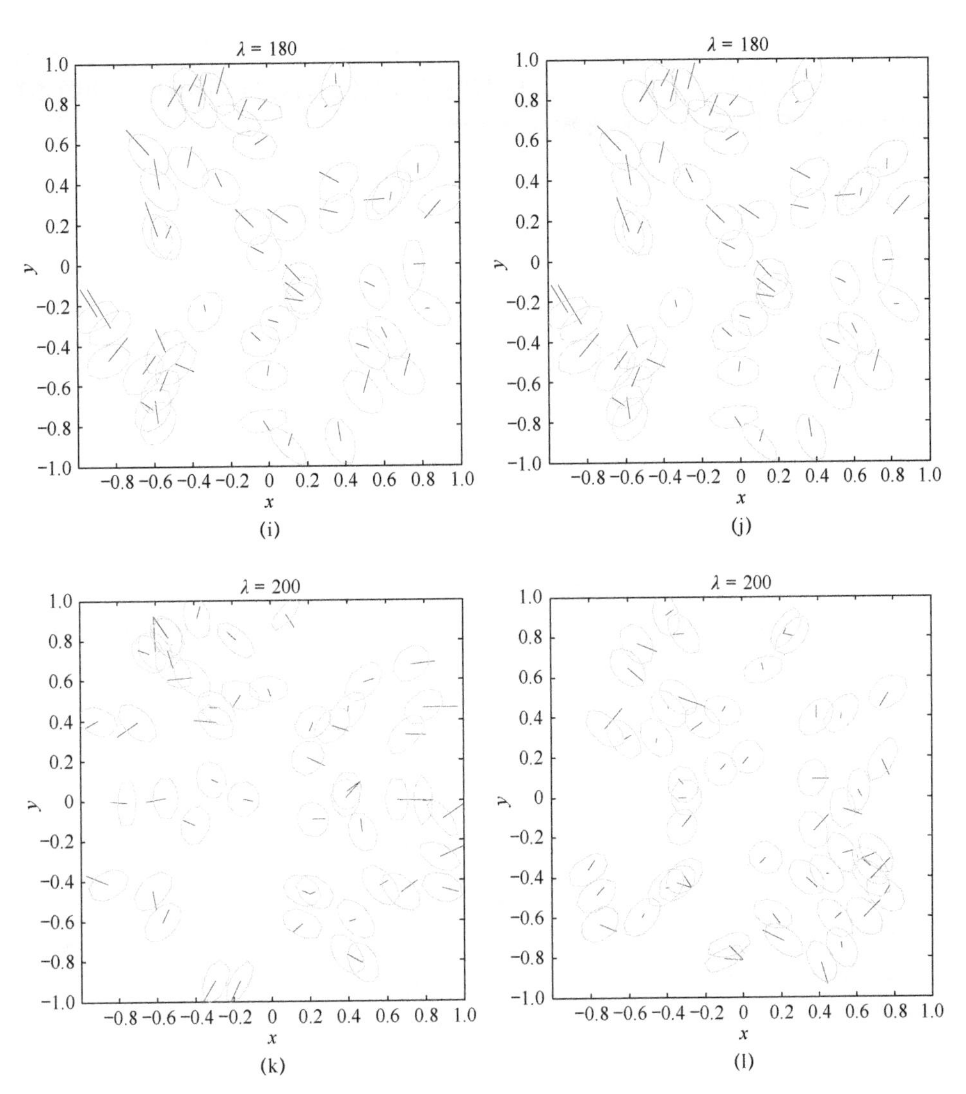

图 4-5　不同校正系数不同传感器节点密度 λ 的定位误差及 Fisher 椭圆

三、定位求精

为增加定位精度，考虑传感器节点计算能力，对传感器节点估计位置利用泰勒级数迭代算法进行一次迭代求精。根据式（4-64），迭代公式[81]为

$$\hat{\boldsymbol{s}}_2 = \hat{\boldsymbol{s}}_1 + [\boldsymbol{J}(\hat{\boldsymbol{s}}_1)]^{-1}[\boldsymbol{G}'(\hat{\boldsymbol{s}}_1)]^{\mathrm{T}}\boldsymbol{\Sigma}^{-1}(\hat{\boldsymbol{D}} - \boldsymbol{D}(\hat{\boldsymbol{s}}_1)) \tag{4-65}$$

经过化简转化得

$$\hat{\boldsymbol{s}}_2 = \hat{\boldsymbol{s}}_1 + [\boldsymbol{C}(\hat{\boldsymbol{s}}_1)]^{-1}[\boldsymbol{G}'(\hat{\boldsymbol{s}}_1)]^{\mathrm{T}}(\mathrm{diag}(\hat{\boldsymbol{D}}))^{-1}(\hat{\boldsymbol{D}} - \boldsymbol{D}(\hat{\boldsymbol{s}}_1)) \tag{4-66}$$

保持定位参数与前面相同，其中右侧对应左侧求精之后的结果。如图 4-6 所示，可以看出，经过泰勒级数一次迭代求精算法，定位精度有所改善。

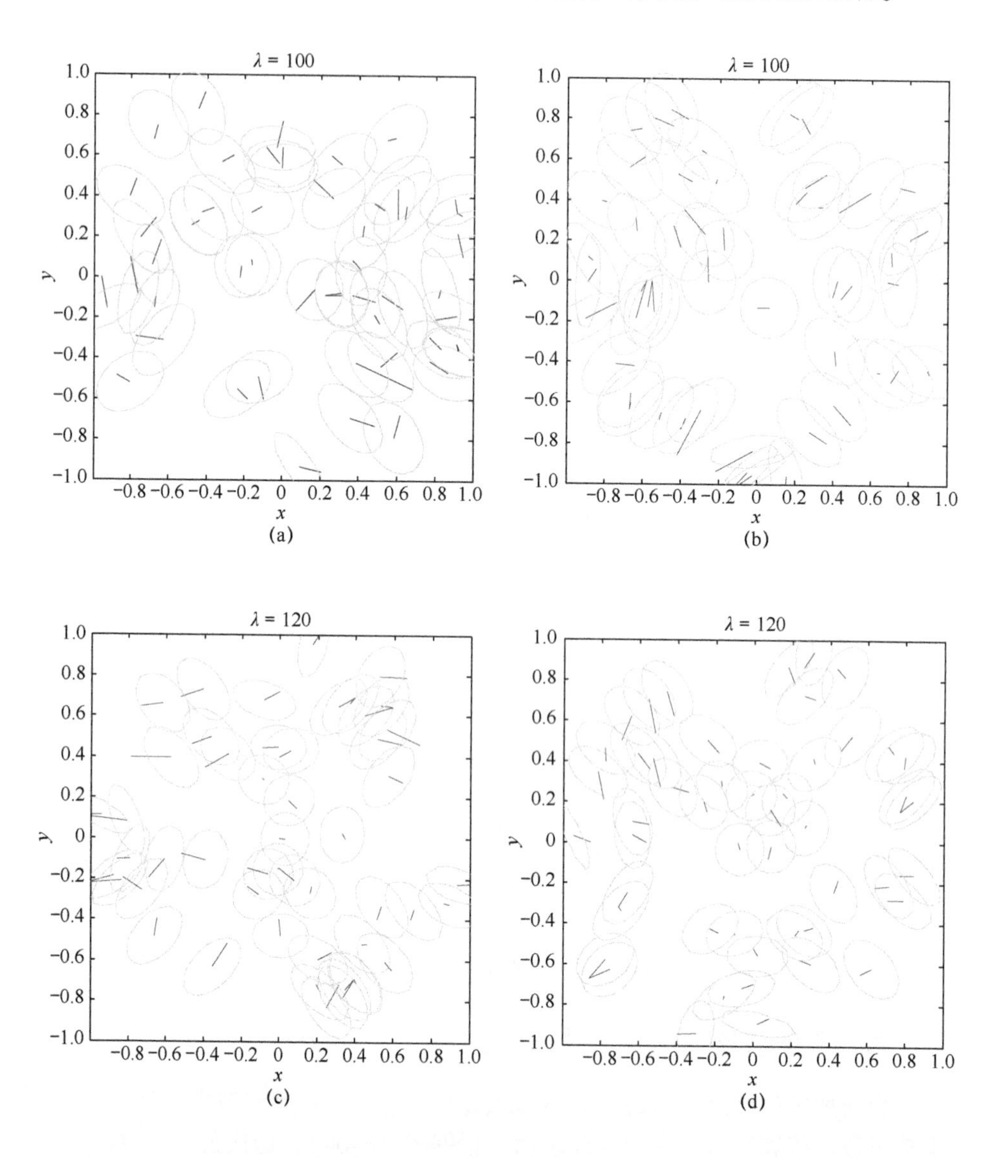

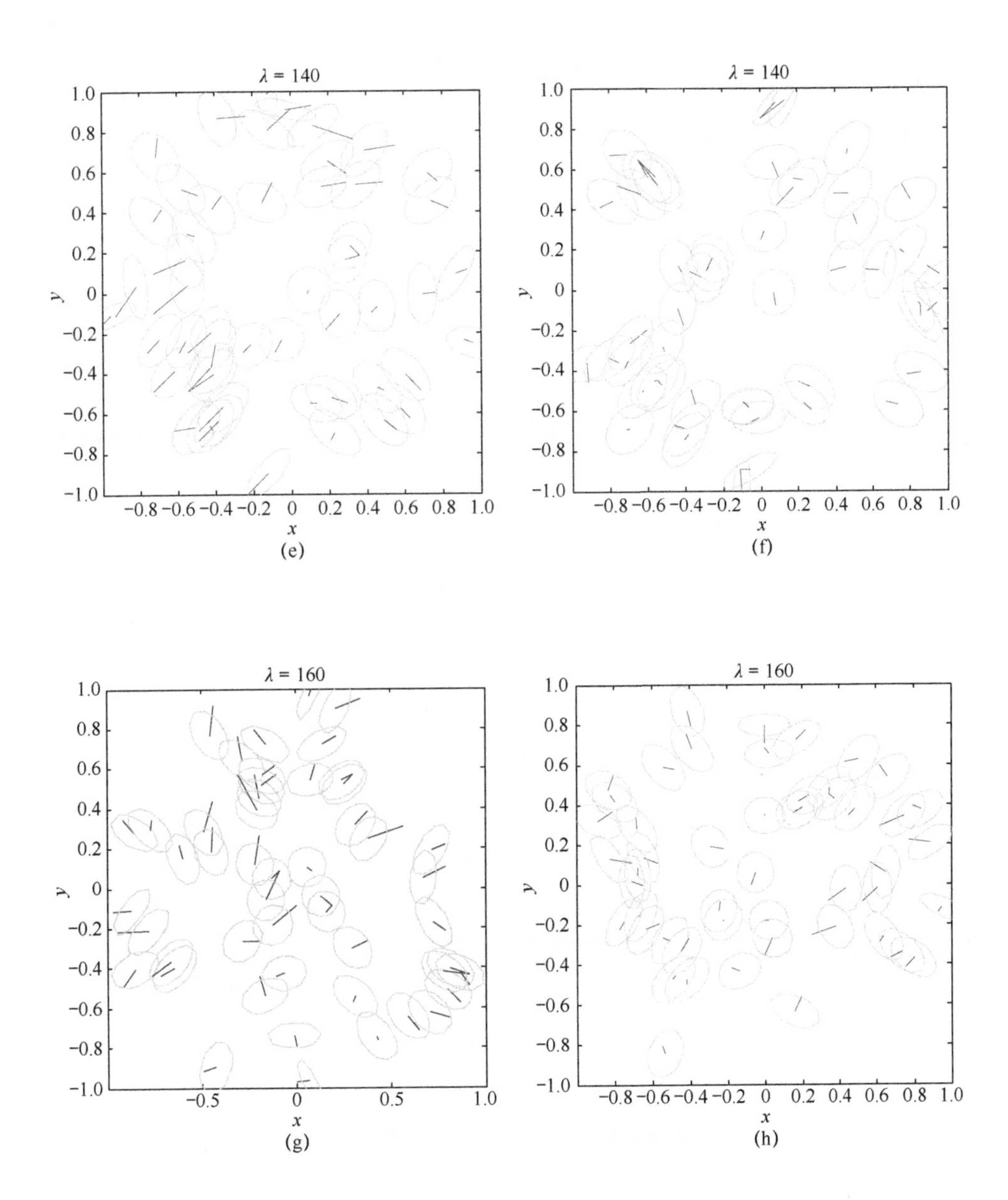

(e) (f) (g) (h)

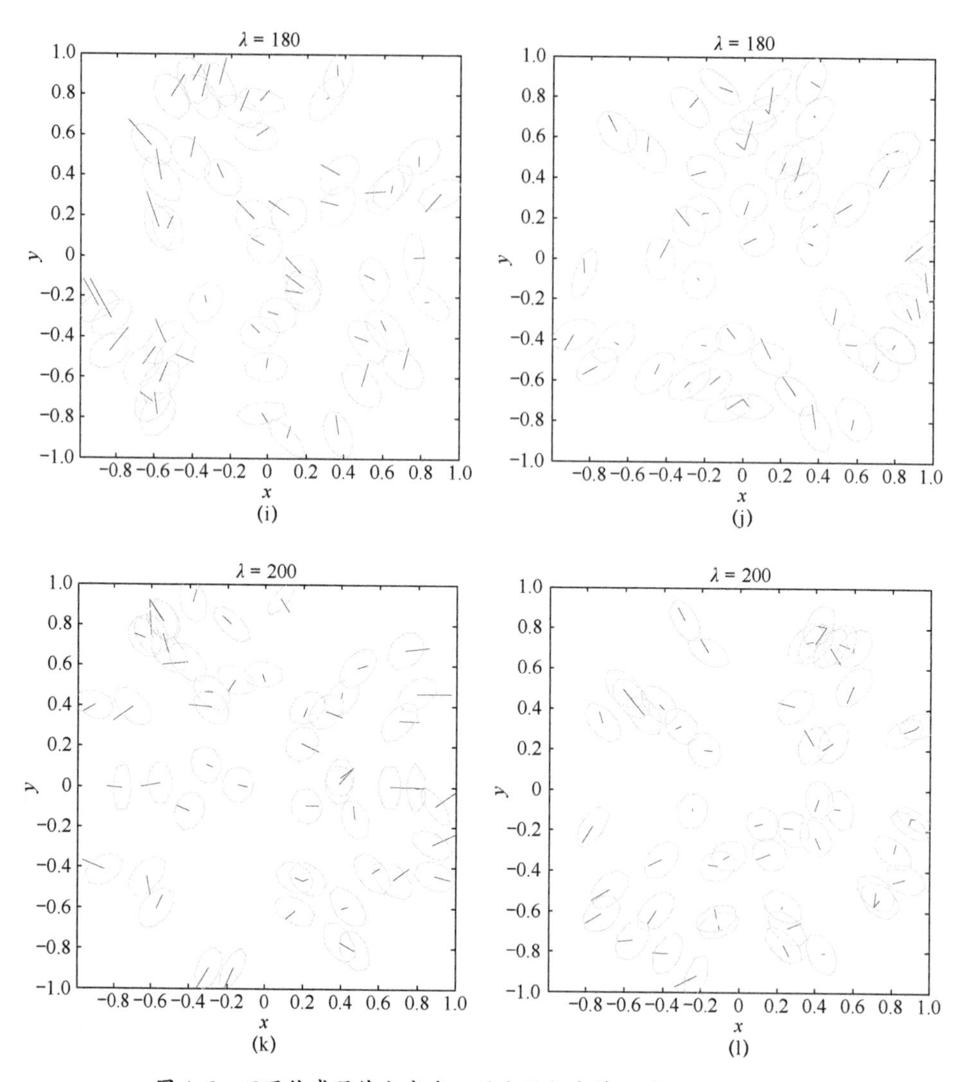

图 4-6 不同传感器节点密度 λ 的定位与求精误差及 Fisher 椭圆

第四节 功率有限锚节点

本节考虑锚节点通信半径与普通节点不同，且也不为功率无穷大节点，但是通信半径满足

$$r_{\text{Anchor}} < l \tag{4-67}$$

的情况。

设待定位节点位于锚节点的通信半径之外（图4-7），即

$$\| s - A_j \| > r_{\text{Anchor}}, j = 1,2,3,4 \tag{4-68}$$

锚节点 O 至目标节点 Q 的距离估计采用如下方法：在锚节点 O 的通信半径范围内至目标节点 Q 最少跳数的节点为下一跳节点，设锚节点跳距大于0，即下一跳节点在右半圆面。

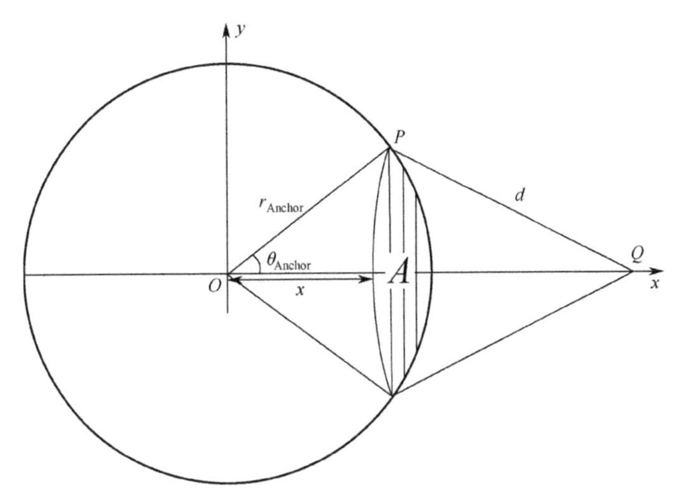

图4-7　锚节点跳距示意图

由图4-8可知

$$\theta_{\text{Anchor}} = \arccos\left(\frac{r_{\text{Anchor}}^2 + (x+d)^2 - d^2}{2r_{\text{Anchor}}(x+d)}\right)\left(x \geqslant \sqrt{r_{\text{Anchor}}^2 + d^2} - d\right) \tag{4-69}$$

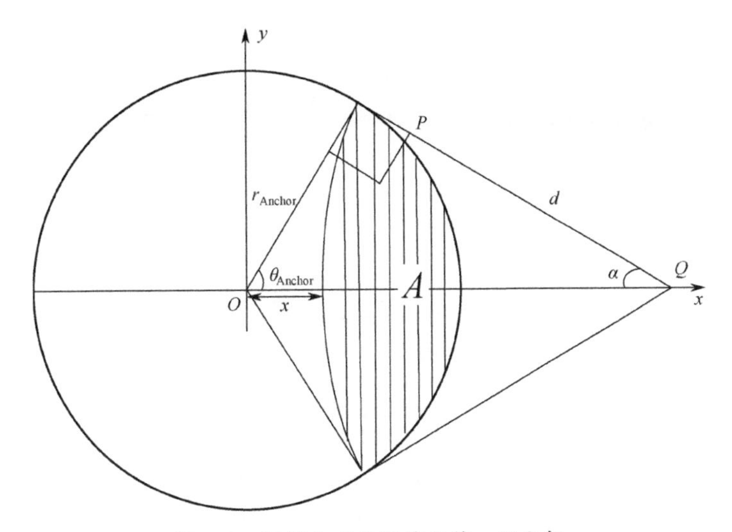

图4-8　锚节点至目标节点第一跳分析

区域 A 的面积为

$$
\begin{aligned}
A(x) &= 2\int_{0}^{r_{\text{Anchor}}\sin(\theta_{\text{Anchor}})} \sqrt{r_{\text{Anchor}}^{2}-y^{2}}-\left(x+d-\sqrt{d^{2}-y^{2}}\right)\mathrm{d}y \\
&= 2\int_{0}^{r_{\text{Anchor}}\sin(\theta_{\text{Anchor}})} \sqrt{r_{\text{Anchor}}^{2}-y^{2}}+\sqrt{d^{2}-y^{2}}-(x+d)\mathrm{d}y \\
&= 2\int_{0}^{r_{\text{Anchor}}\sqrt{1-\frac{(-d2+r2+(d+x)2)2}{4r2(d+x)2}}} \sqrt{r_{\text{Anchor}}^{2}-y^{2}}+\sqrt{d^{2}-y^{2}}-(x+d)\mathrm{d}y
\end{aligned} \tag{4-70}
$$

区域 A 内没有节点的概率为

$$
F_X(x) = P\{X \leqslant x\} = \mathrm{e}^{-\lambda A(x)} \tag{4-71}
$$

相应的概率密度为

$$
f_X(x) = \frac{\mathrm{d}F_X(x)}{\mathrm{d}\hat{x}} = -\lambda A'(x)\mathrm{e}^{-\lambda A(x)} \tag{4-72}
$$

以及关于 x 的数学期望为

$$
E_{\text{Anchor}}(x) = \int_{\sqrt{r_{\text{Anchor}}^{2}+d^{2}}-d}^{r_{\text{Anchor}}} xf(x)\mathrm{d}x \tag{4-73}
$$

锚节点一跳跳距的方差为

$$
D_{\text{Anchor}}(x) = \int_{\sqrt{r_{\text{Anchor}}^{2}+d^{2}}-d}^{r_{\text{Anchor}}} x^{2}f(x)\mathrm{d}x - \left(\int_{\sqrt{r_{\text{Anchor}}^{2}+d^{2}}-d}^{r_{\text{Anchor}}} xf(x)\mathrm{d}x\right)^{2} \tag{4-74}
$$

给出左侧圆弧参数方程为

$$
\begin{cases} x' = d + x - d\cos\alpha \\ y' = d\sin\alpha \end{cases} \left(0 \leqslant \alpha \leqslant \arccos\frac{d^{2}+(d+x)^{2}-r_{\text{Anchor}}^{2}}{2d(d+x)}\right) \tag{4-75}
$$

$$
f_{A|X}(\alpha \mid x) = \frac{1}{2\arccos\frac{d^{2}+(d+x)^{2}-r_{\text{Anchor}}^{2}}{2d(d+x)}} \left(|\alpha| \leqslant \arccos\frac{d^{2}+(d+x)^{2}-r_{\text{Anchor}}^{2}}{2d(d+x)}\right) \tag{4-76}
$$

由图 4-8 可知

$$
\tan\theta_{\text{Anchor}} = \frac{d\sin\alpha}{(d+x-d\cos\alpha)} \tag{4-77}
$$

对式（4-47）两边微分，可得

$$
\sec^{2}\theta_{\text{Anchor}}\mathrm{d}\theta_{\text{Anchor}} = \frac{d^{2}\cos\alpha + xd\cos\alpha - d^{2}}{(d+x-d\cos\alpha)^{2}}\mathrm{d}\alpha \tag{4-78}
$$

$$
\frac{\mathrm{d}\alpha}{\mathrm{d}\theta_{\text{Anchor}}} = \frac{(d+x-d\cos\alpha)^{2}\sec^{2}\theta_{\text{Anchor}}}{d^{2}\cos\alpha + xd\cos\alpha - d^{2}} \tag{4-79}
$$

$$f_{\Theta|X}(\theta_{\text{Anchor}} \mid x) = [f_{A|X}(\alpha \mid x) + f_{A|X}(-\alpha \mid x)]\left|\frac{\mathrm{d}\alpha}{\mathrm{d}\theta_{\text{Anchor}}}\right|$$

$$= \begin{cases} \dfrac{\dfrac{(d+x-d\cos\alpha)^2\sec^2\theta_{\text{Anchor}}}{d^2\cos\alpha + xd\cos\alpha - d^2}}{\arccos\dfrac{d^2+(d+x)^2-r_{\text{Anchor}}^2}{2d(d+x)}}, & 0 \leqslant \theta_{\text{Anchor}} \leqslant \arctan\dfrac{d}{r_{\text{Anchor}}} \\ 0, & \text{其他} \end{cases}$$
(4-80)

$$f_{\Theta}(\theta_{\text{Anchor}}) = \int_{\sqrt{r_{\text{Anchor}}^2+d^2}-d}^{r_{\text{Anchor}}} f_{\Theta}(\theta_{\text{Anchor}} \mid x) f_X(x)\,\mathrm{d}x,\ 0 \leqslant \theta_{\text{Anchor}} \leqslant \arctan\frac{d}{r_{\text{Anchor}}}$$
(4-81)

$$E(\theta_{\text{Anchor}}^2) = \int_0^{\arctan\frac{d}{r_{\text{Anchor}}}} \theta_{\text{Anchor}}^2 f_{\Theta}(\theta_{\text{Anchor}})\,\mathrm{d}\theta_{\text{Anchor}} \tag{4-82}$$

设锚节点 $A_j(j=1,2,3,4)$ 至目标节点的每一跳的跳距为 $x_{ij}(i=1,2,\cdots,h_j;\ j=1,2,3,4)$，跳距依次为 $x_{ij}(i=1,2,\cdots,h_j;j=1,2,3,4)$，其中 $x_{1j}(j=1,2,3,4)$ 分别为锚节点 $A_j(j=1,2,3,4)$ 的第一跳跳距，则锚节点 A_j 至目标节点的距离为

$$d_j = \sum_{i=1}^{h_j} x_{ij} \tag{4-83}$$

锚节点 A_j 至目标节点的距离估计为

$$\begin{aligned} \hat{d}_j = E(d_j) &= \sum_{i=1}^{h_j} E(x_{ij}) = E(x_{1j}) + \sum_{i=2}^{h_j} E(x_{ij}) \\ &= E_{\text{Anchor}}(x) + (h_j - 1)E(x) \end{aligned} \tag{4-84}$$

节点至锚节点 A_j 的距离估计方差为

$$\begin{aligned} D(d_j) &= \sum_{i=1}^{h_j} D(x_{ij}) = D(x_{1j}) + \sum_{i=2}^{h_j} D(x_{ij}) \\ &= D_{\text{Anchor}}(x) + (h_j - 1)D(x) \\ &\approx D_{\text{Anchor}}(x) + (\hat{d}_j - r_{\text{Anchor}})\frac{D(x)}{E(x)} \end{aligned} \tag{4-85}$$

待定位节点位于锚节点覆盖范围以内的节点，即

$$\| s - A_j \| \leqslant r_{\text{Anchor}} \quad (j = 1,2,3,4) \tag{4-86}$$

采用 r_{Anchor} 作为其一跳跳距误差往往会很大，故采用锚节点通信半径 r_{Anchor} 与锚节点通信半径以外的节点至目标节点的最小跳数所对应的距离之差作为锚节点与目标节点的距离估值，如图 4-9 所示，即

$$\hat{d}_j = r_{\text{Anchor}} - (h_j - 2)E(x) \tag{4-87}$$

定位算法仍采用十字距离法计算公式（3-21）来确定，关键是传感器节点与锚节点的距离估计，主要采用如下步骤。

（1）采用经典的距离矢量交换，使全部的节点间获得到锚节点的最小跳数。每一个节点维护一个表 $\{A_j, h_j\}$ ，并和邻居节点交换更新。

（2）根据节点收集的相关信息获得节点与锚节点的估计距离。估计方法采用式（4-84）、式（4-87），称为改进的 DV-HOP 方法。

（3）利用与锚节点的估计距离，采用十字距离法公式（3-21）计算节点的位置。

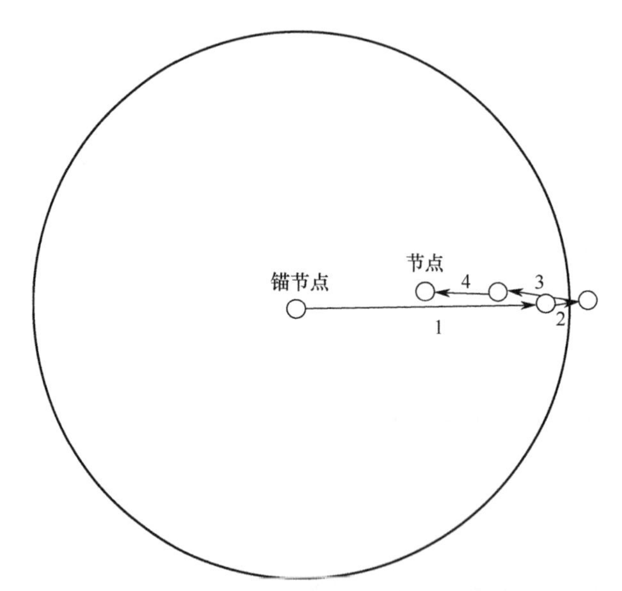

图 4-9　节点在锚节点通信半径以内的距离估计示意图

记 $\Delta^2 = D(x)$ ，考虑传感器节点在锚节点的通信半径以外时节点的定位误差，则

$$\begin{aligned} E(\hat{x}) &= E\left(\frac{\hat{d}_1^2 - \hat{d}_3^2}{4l}\right) = \frac{E(\hat{d}_1^2) - E(\hat{d}_3^2)}{4l} \\ &= \frac{E((d_1 + e_1)^2) - E((d_3 + e_3)^2)}{4l} \\ &= \frac{E(d_1^2) - E(d_3^2)}{4l} + \frac{E(e_1^2) - E(e_3^2)}{4l} \end{aligned}$$

$$= x + \frac{d_1 - d_2}{4l}\Delta^2 \tag{4-88}$$

$$\begin{aligned} D(\hat{x}) &= D\left(\frac{\hat{d}_1^2 - \hat{d}_3^2}{4l}\right) = \frac{D(\hat{d}_1^2) + D(\hat{d}_3^2)}{16l^2} \\ &\approx \frac{4d_1^2(D_{\text{Anchor}}(x) + (d_1 - r_{\text{Anchor}})\Delta^2) + 2(D_{\text{Anchor}}(x) + (d_1 - r_{\text{Anchor}})\Delta^2)^2}{16l^2} \\ &+ \frac{4d_3^2(D_{\text{Anchor}}(x) + (d_3 - r_{\text{Anchor}})\Delta^2) + 2(D_{\text{Anchor}}(x) + (d_3 - r_{\text{Anchor}})\Delta^2)^2}{16l^2} \end{aligned} \tag{4-89}$$

$$\begin{aligned} E((\hat{x} - x)^2) &= D(\hat{x} - x) + (E(\hat{x} - x))^2 \\ &= D(\hat{x}) + \left(\frac{d_1 - d_3}{4l}\Delta^2\right)^2 \end{aligned} \tag{4-90}$$

当 Δ^2 和 $D_{\text{Anchor}}(x)$ 很小时，则

$$E((\hat{x} - x)^2) \approx \frac{d_1^2(D_{\text{Anchor}}(x) + (d_1 - r_{\text{Anchor}})\Delta^2) + d_3^2(D_{\text{Anchor}}(x) + (d_3 - r_{\text{Anchor}})\Delta^2)}{4l^2} \tag{4-91}$$

同理，可得

$$E((\hat{y} - y)^2) \approx \frac{d_2^2(D_{\text{Anchor}}(x) + (d_2 - r_{\text{Anchor}})\Delta^2) + d_4^2(D_{\text{Anchor}}(x) + (d_4 - r_{\text{Anchor}})\Delta^2)}{4l^2} \tag{4-92}$$

由式（4-91）、式（4-92），可得

$$\begin{aligned} E((\hat{x} - x)^2 + (\hat{y} - y)^2) &\approx \frac{\Delta^2(d_1^3 + d_2^3 + d_3^3 + d_4^3 - r_{\text{Anchor}}(d_1^2 + d_2^2 + d_3^2 + d_4^2))}{4l^2} \\ &+ \frac{D_{\text{Anchor}}(x)(d_1^2 + d_2^2 + d_3^2 + d_4^2)}{4l^2} \\ &= \frac{\Delta^2}{4l^2}(((x + l)^2 + y^2)^{3/2} + ((x - l)^2 + y^2)^{3/2} \\ &+ (x^2 + (y + l)^2)^{3/2} + (x^2 + (y - l)^2)^{3/2}) \\ &- \frac{\Delta^2 r_{\text{Anchor}}}{l^2}(x^2 + y^2 + l^2) + \frac{D_{\text{Anchor}}(x)}{l^2}(x^2 + y^2 + l^2) \end{aligned} \tag{4-93}$$

由

$$\frac{D_{\text{Anchor}}(x)}{l^2}(x^2+y^2+l^2)=D_{\text{Anchor}}(x)+\frac{D_{\text{Anchor}}(x)}{l^2}(x^2+y^2) \tag{4-94}$$

可知，式（4-94）随着 l 的增大而减小。我们将均方差分成两个部分分别讨论，然后进行综合分析。记均方差的前半部分为

$$\text{MSE}_{\text{front}}=\frac{\Delta^2}{4l^2}(((x+l)^2+y^2)^{3/2}+((x-l)^2+y^2)^{3/2}+(x^2+(y+l)^2)^{3/2}$$
$$+(x^2+(y-l)^2)^{3/2})-\frac{\Delta^2 r_{\text{Anchor}}}{l^2}(x^2+y^2+l^2) \tag{4-95}$$

下面，考虑式（4-95）对于不同锚节点通信半径在区域 Ω 上的最大值与 l 之间的关系。由表 4-3 可知，随 l 的增大，在区域 Ω 的最大均方误差前半部分 $\text{MSE}_{\text{front}}$ 随之减少，经前面分析可知，式（4-94）也随着 l 的增大而减小。所以在区域 Ω 的最大均方误差随 l 的增大而不断减少。

表 4-3　$\max\limits_{\Omega}(\text{MSE})$ 随 l 的变化表

$l/(\times R)$		0.1	0.3	0.5	0.7	0.9	1.0
$\max(\text{MSE}_{\text{front}})/(\times\Delta^2)$	$r_{\text{Anchor}}=0.1R$	92.1519	12.1666	5.795	4.072	3.396	3.212
	$r_{\text{Anchor}}=0.2R$	82.05	10.9556	5.295	3.768	3.168	3.007
	$r_{\text{Anchor}}=0.3R$	71.952	9.744	4.795	3.464	2.937	2.800
	$r_{\text{Anchor}}=0.4R$	61.852	8.533	4.295	3.149	2.705	2.594
	$r_{\text{Anchor}}=0.5R$	51.752	7.322	3.795	2.835	2.475	2.387

为了对比锚节点通信半径对定位精度的影响，Fisher 椭圆仍然采用普通锚节点的 Fisher 椭圆。仿真参数如下：考虑观测区域仍为以原点为中心，$R=1$ 为半径的圆形区域。传感器通信半径 $r=0.2$，锚节点的通信半径 r 分别为 0.2、0.4、0.6。4 个锚节点坐标仍分别位于 $(-l,0),(0,-l),(l,0),(0,l)$。令 $l=R$，$P_e=0.95$。取节点密度 $\lambda=100$，节点邻居数期望值为 $\pi r^2\lambda=12.5664$。为了更好地显示结果，在仿真过程中，随机选择 50 个节点显示定位效果。

由图 4-10 可以看出，定位精度随着锚节点通信半径的增大，定位精度越来越高，但是精度提高并不太明显。

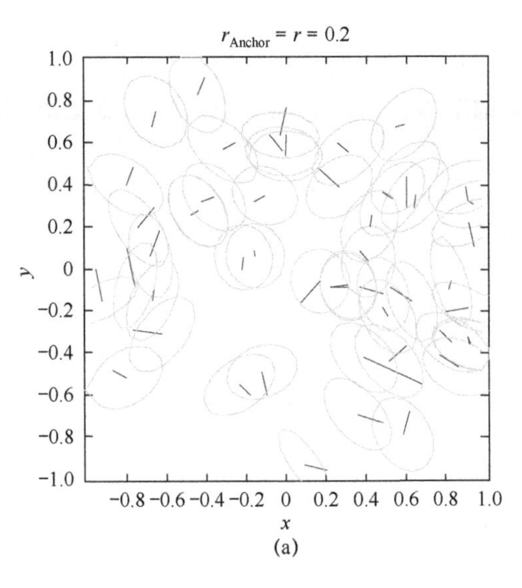

(a)

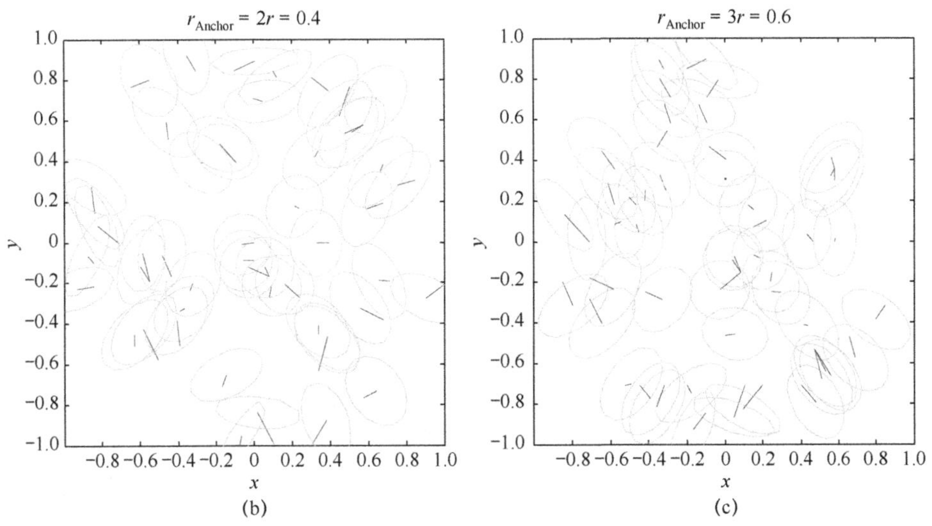

(b)　(c)

图 4-10　定位精度随锚节点通信半径的变化图

小　结

本章在十字布局锚节点条件下，给出了基于距离差和跳距的定位算法，并讨论了算法的定位性能和定位求精的策略。

（1）当锚节点为功率无穷大锚节点时，传感器节点与锚节点时间不同步会导致大的距离偏差，于是给出了复杂度低的十字距离差法来求解传感器节点位置。通过泰勒级数定位算法一次迭代求精，使定位误差达到了 CRB。

（2）针对普通锚节点，对传感器节点与锚节点距离估计进行了分析，然后给出两种距离估计方法。利用十字距离法求出传感器节点的估计位置。经仿真发现，两种校正方法误差相差无几，基本都在 Fisher 椭圆内，但仍有少量的误差在 Fisher 椭圆外。仍用泰勒级数定位算法一次迭代求精，改进了定位精度。

（3）针对功率有限锚节点分析了距离估计。提出了利用改进的 DV-HOP 方法进行距离估计。利用十字距离法求出传感器节点的坐标位置。发现随着锚节点通信半径的增大，精度越来越高，但提高不太明显。

第五章　基于到达角的传感器节点定位

在第3章和第4章，我们研究了在十字布局锚节点的情形下，已知传感器节点与各锚节点的距离估计或距离差估计，分别给出了十字距离法或十字距离差法求解传感器节点的位置，并进行了误差估计和定位求精。定向天线的出现，为不需要时间校准的定位方法的出现奠定了基础。本章探讨观测区域仍为圆形，锚节点的位置仍然是给定的，并且具有十字布局的情形下，如何根据定向天线的到达角来对传感器节点定位并进行误差分析。

第一节　定向天线模型

无线传感器节点随机分布在半径为 R 的圆形区域 $\Omega = \{(x,y) \mid x^2 + y^2 \leqslant R^2\}$，4 个锚节点配备定向天线（图 3-1）。定向天线有一个主瓣和若干旁瓣，通过旁瓣压缩天线模式可近似是波束宽度是 $\theta(0 < \theta < \pi/2)$ 的扇形（图5-1）。定向天线以匀角速度逆时针旋转，边旋转边播报自己的旋转角。当锚节点定向天线主瓣对准传感器节点时，传感器节点能收到锚节点的播报信号。

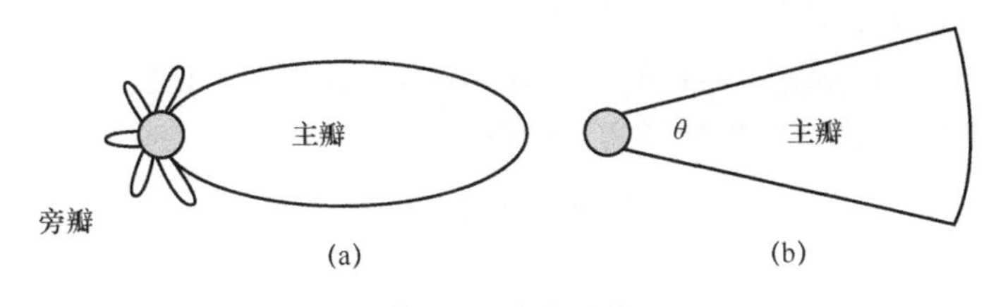

图 5-1　定向天线

（a）实际模式；（b）近似模式。

第二节　功率无穷大锚节点

考虑配备定向天线的锚节点功率足够大，足以使每个节点收到它播报的信息，设传感器节点接收到的锚节点的到达角估计为

$$\hat{\phi}_j = \phi_j + \Delta\phi_j,\ j = 1,2,3,4 \tag{5-1}$$

$$\phi_j = \arctan\left(\frac{y - y_j}{x - x_j}\right),\ j = 1,2,3,4 \tag{5-2}$$

式中：$\hat{\phi}_j(j = 1,2,3,4)$ 为锚节点 A_j 至目标节点的到达角估计；$\phi_j(j = 1,2,3,4)$ 为锚节点 A_j 至目标节点的实际到达角；$\Delta\phi_j(j = 1,2,3,4)$ 为相应到达角的估计误差，记

$$\hat{\boldsymbol{\Phi}} = [\hat{\phi}_1,\hat{\phi}_2,\hat{\phi}_3,\hat{\phi}_4]^{\mathrm{T}} \tag{5-3}$$

$$\boldsymbol{\Phi}(\boldsymbol{s}) = [\phi_1,\phi_2,\phi_3,\phi_4]^{\mathrm{T}} \tag{5-4}$$

假设误差 $\Delta\phi_j$ 服从同一相互独立的高斯分布，即

$$\Delta\phi_j \sim N(0,\sigma^2),\quad j = 1,2,3,4 \tag{5-5}$$

一、伪线性算法

考虑到非线性算法的计算复杂度高，不适合在无线传感器网络中应用，文献［4］给出了基于 TOA 的伪线性算法。根据几何关系，可得

$$\begin{bmatrix} x \\ y \end{bmatrix} = \begin{bmatrix} x_j \\ y_j \end{bmatrix} + d_j\begin{bmatrix} \cos\phi_j \\ \sin\phi_j \end{bmatrix},\quad j = 1,2,3,4 \tag{5-6}$$

式中：d_j、ϕ_j 如式（3-7）、式（5-2）所述。

将式（5-6）写成标量表达式，并分别乘以 $\sin\phi_j$ 和 $\cos\phi_j$，可得

$$\begin{cases} x\sin\phi_j = x_j\sin\phi_j + d_j\cos\phi_j\sin\phi_j \\ y\cos\phi_j = y_j\cos\phi_j + d_j\cos\phi_j\sin\phi_j \end{cases},\quad j = 1,2,3,4 \tag{5-7}$$

两式相减消去 d_j，可得

$$-x_j\sin\phi_j + y_j\cos\phi_j = -x\sin\phi_j + y\cos\phi_j,\ j = 1,2,3,4 \tag{5-8}$$

替换 TOA 将式写成矩阵形式，可得

$$\boldsymbol{Y}(\hat{\boldsymbol{\phi}}) = \boldsymbol{H}(\hat{\boldsymbol{\phi}})\hat{\boldsymbol{X}} \tag{5-9}$$

其中

$$\boldsymbol{Y}(\hat{\boldsymbol{\phi}}) = \begin{bmatrix} -x_1\sin\hat{\phi}_1 + y_1\cos\hat{\phi}_1 \\ -x_2\sin\hat{\phi}_2 + y_2\cos\hat{\phi}_2 \\ -x_3\sin\hat{\phi}_3 + y_3\cos\hat{\phi}_3 \\ -x_4\sin\hat{\phi}_4 + y_4\cos\hat{\phi}_4 \end{bmatrix},\ \boldsymbol{H}(\hat{\boldsymbol{\phi}}) = \begin{bmatrix} -\sin\hat{\phi}_1 & \cos\hat{\phi}_1 \\ -\sin\hat{\phi}_2 & \cos\hat{\phi}_2 \\ -\sin\hat{\phi}_3 & \cos\hat{\phi}_3 \\ -\sin\hat{\phi}_4 & \cos\hat{\phi}_4 \end{bmatrix},\ \hat{\boldsymbol{X}} = \begin{bmatrix} \hat{x} \\ \hat{y} \end{bmatrix}$$

可利用最小二乘算法得到目标位置的估计为

$$\hat{\boldsymbol{X}} = [\boldsymbol{H}^{\mathrm{T}}(\hat{\boldsymbol{\phi}})\boldsymbol{H}(\hat{\boldsymbol{\phi}})]^{-1}\boldsymbol{H}^{\mathrm{T}}(\hat{\boldsymbol{\phi}})Y(\hat{\boldsymbol{\phi}}) \tag{5-10}$$

伪线性算法的定位误差与误差下界还有一定的差距。同时，对于无线传感器网络来说，定位算法的时间复杂度越低越好。为此，首先进行分析并给出合理的定位算法。

二、定位算法及分析

下面，进行简单的定位分析，有

$$\arctan\left(\frac{y-0}{(x-(-l))}\right)=k\Delta,\ k=0,1,\cdots,\left[\frac{2\pi}{\Delta}\right] \tag{5-11}$$

$$\arctan\left(\frac{y-0}{(x-l)}\right)=k\Delta,\ k=0,1,\cdots,\left[\frac{2\pi}{\Delta}\right] \tag{5-12}$$

式中：Δ 为射线间的夹角差。

同理，有

$$\arctan\left(\frac{y-(-l)}{(x-0)}\right)=k\Delta,\ k=0,1,\cdots,\left[\frac{2\pi}{\Delta}\right] \tag{5-13}$$

$$\arctan\left(\frac{y-l}{(x-0)}\right)=k\Delta,\ k=0,1,\cdots,\left[\frac{2\pi}{\Delta}\right] \tag{5-14}$$

图 5-2、图 5-3 所示为 $l=10$，$\Delta=0.1$ 时，利用 MATLAB 画出的定位示意图。由图 5-2 可以看出若由 A_1、A_3 确定传感器节点的位置，纵坐标误差因为测距误差影响不大，而横坐标误差会因为测距误差影响很大，尤其是在沿 x 轴

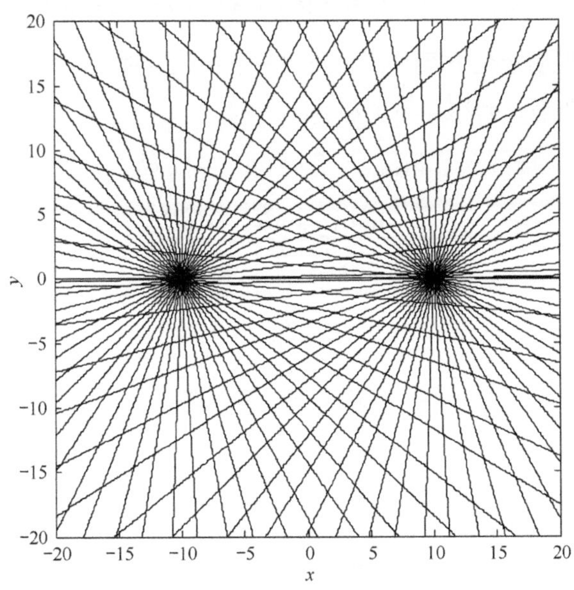

图 5-2　A_1、A_3 确定传感器节点坐标定位示意图

一线。同理，如图5-3所示，若由A_2、A_4确定传感器节点的位置，横坐标误差因为测距误差影响不大，而纵坐标误差会因为测距误差影响很大，尤其是在沿y轴一线。因此，考虑在确定定位算法时，估计横坐标时可以首先考虑使用A_2、A_4提供的距离信息；估计纵坐标时，可以首先考虑使用A_1、A_3提供的距离信息。

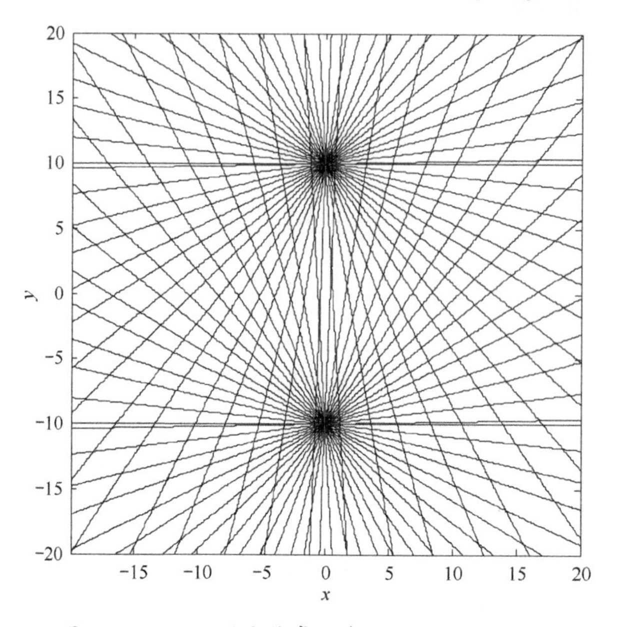

图5-3　A_2、A_4确定传感器节点坐标定位示意图

为了方便说明定位方案，首先介绍一下正弦定理。

如图5-4所示，利用三角学知识，可得

$$S_{\Delta ABC}=\frac{1}{2}ab\sin C=\frac{1}{2}ch \tag{5-15}$$

$$\frac{\sin A}{a}=\frac{\sin B}{b}=\frac{\sin C}{c} \tag{5-16}$$

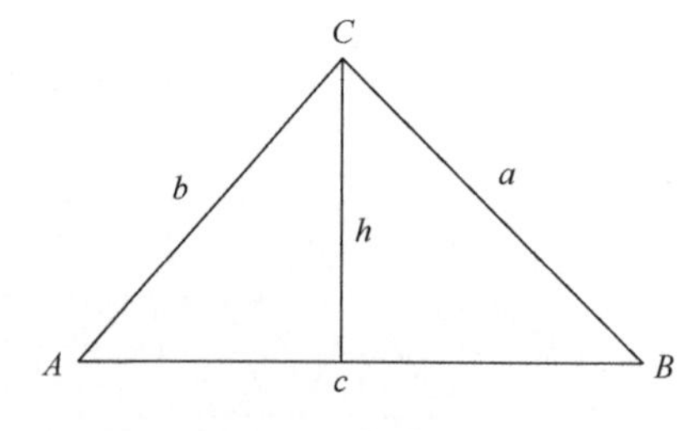

图5-4　正弦定理

则

$$a = \frac{\sin A}{\sin C} \cdot c \tag{5-17}$$

$$b = \frac{\sin B}{\sin C} \cdot c \tag{5-18}$$

和

$$h = \frac{\sin A \sin B}{\sin C} \cdot c \tag{5-19}$$

如图 5-5 所示，利用式（5-19），传感器节点的纵坐标为

$$\frac{\sin\phi_1 \sin\phi_3}{\sin(\phi_3 - \phi_1)} \cdot 2l \tag{5-20}$$

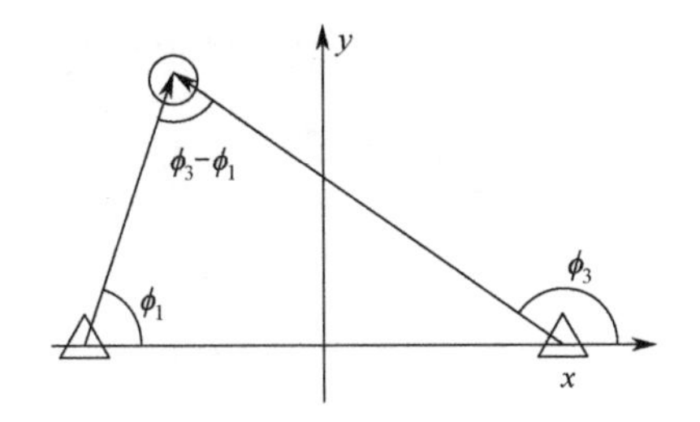

图 5-5　传感器节点在 x 轴上方

如图 5-6 所示，利用式（5-19），传感器节点的纵坐标为

$$-\frac{\sin\phi_1 \sin\phi_3}{\sin(\phi_1 - \phi_3)} \cdot 2l \tag{5-21}$$

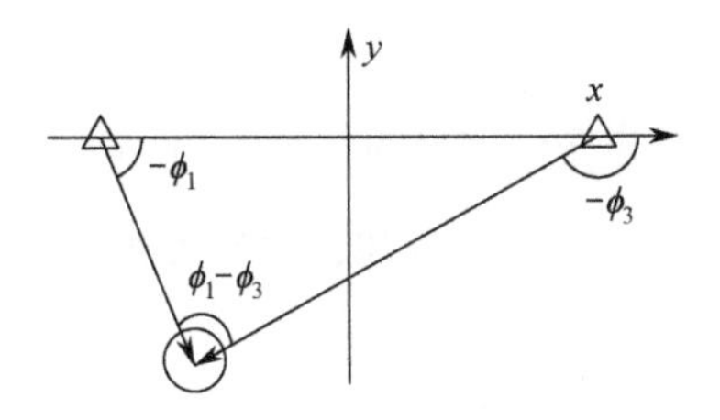

图 5-6　传感器节点在 x 轴下方

如图 5-7 所示，利用式（5-19），传感器节点的横坐标为

$$\frac{\cos\phi_4 \cos\phi_2}{\sin(\phi_2 - \phi_4)} \cdot 2l \tag{5-22}$$

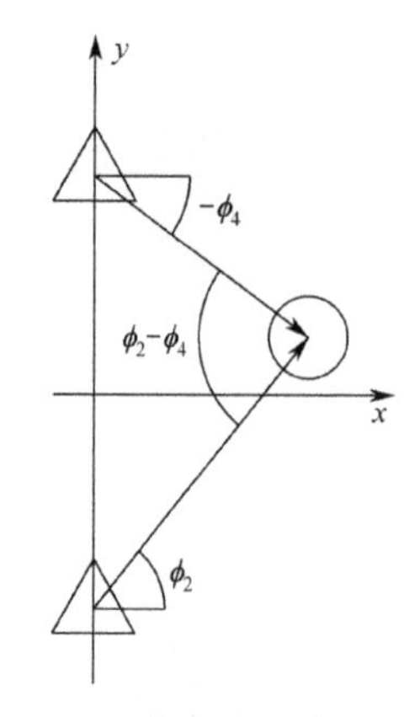

图 5-7　传感器节点在 y 轴右边

如图 5-8 所示，利用式（5-19），传感器节点的横坐标为

$$-\frac{\cos\phi_4\cos\phi_2}{\sin(\phi_4-\phi_2)}\cdot 2l \tag{5-23}$$

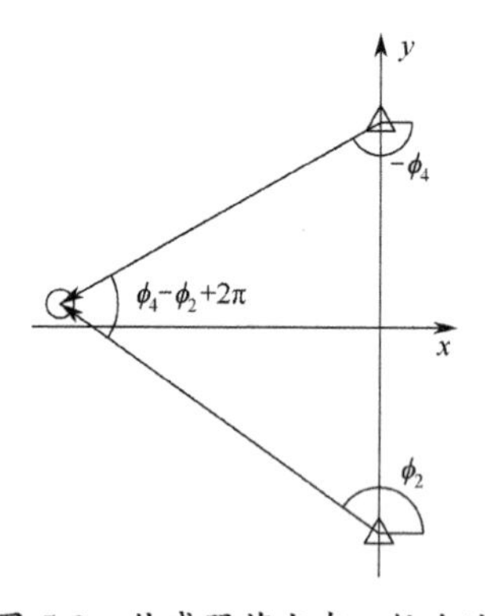

图 5-8　传感器节点在 y 轴左边

对比式（5-20）与式（5-21）可知，传感器节点的纵坐标具有如下统一形式，即

$$\frac{\sin\phi_1\sin\phi_3}{\sin(\phi_3-\phi_1)}\cdot 2l \tag{5-24}$$

对比式（5-22）与式（5-23）可知，传感器节点的横坐标具有如下统一形式，即

$$\frac{\cos\phi_2\cos\phi_4}{\sin(\phi_2-\phi_4)}\cdot 2l \tag{5-25}$$

考虑到分母为零的情况，传感器的坐标可由如下公式给出：

$$y=\begin{cases}0, & \sin(\phi_3-\phi_1)=0\\ \dfrac{\sin\phi_1\sin\phi_3}{\sin(\phi_3-\phi_1)}\cdot 2l, & 其他\end{cases} \tag{5-26}$$

$$x=\begin{cases}0, & \sin(\phi_2-\phi_4)=0\\ \dfrac{\cos\phi_2\cos\phi_4}{\sin(\phi_2-\phi_4)}\cdot 2l, & 其他\end{cases} \tag{5-27}$$

经过以上分析，得到如下传感器节点位置估计的方法，即

$$\hat{y}=\begin{cases}0, & \sin(\hat{\phi}_3-\hat{\phi}_1)=0\\ \dfrac{\sin\hat{\phi}_1\sin\hat{\phi}_3}{\sin(\hat{\phi}_3-\hat{\phi}_1)}\cdot 2l, & 其他\end{cases} \tag{5-28}$$

$$\hat{x}=\begin{cases}0, & \sin(\hat{\phi}_2-\hat{\phi}_4)=0\\ \dfrac{\cos\hat{\phi}_2\cos\hat{\phi}_4}{\sin(\hat{\phi}_2-\hat{\phi}_4)}\cdot 2l, & 其他\end{cases} \tag{5-29}$$

经前述分析，传感器纵坐标误差 Δy 满足

$$\begin{aligned}E(\Delta y^2) &\approx \left(\frac{\partial y}{\partial\phi_1}\right)^2 E(\Delta\phi_1{}^2)+\left(\frac{\partial y}{\partial\phi_3}\right)^2 E(\Delta\phi_3{}^2)\\ &=4l^2\sigma^2\cdot\frac{\sin^4\phi_3+\sin^4\phi_1}{\sin^4(\phi_3-\phi_1)}\end{aligned} \tag{5-30}$$

传感器横坐标误差 Δx 满足

$$\begin{aligned}E(\Delta x^2) &\approx \left(\frac{\partial x}{\partial\phi_2}\right)^2 E(\Delta\phi_2{}^2)+\left(\frac{\partial x}{\partial\phi_4}\right) E(\Delta\phi_4{}^2)\\ &=4l^2\sigma^2\cdot\frac{\cos^4\phi_4+\cos^4\phi_2}{\sin^4(\phi_2-\phi_4)}\end{aligned} \tag{5-31}$$

更进一步，由图 5-9 及三角形的正弦定理可知，传感器节点的横坐标误差满足

$$\begin{aligned}E(\Delta x^2) &\approx \left(\frac{\partial x}{\partial\phi_2}\right)^2 E(\Delta\phi_2{}^2)+\left(\frac{\partial x}{\partial\phi_4}\right) E(\Delta\phi_4{}^2)\\ &=4l^2\sigma^2\cdot\frac{\cos^4\phi_4+\cos^4\phi_2}{\sin^4(\phi_2-\phi_4)}\\ &=4l^2\sigma^2\cdot\frac{a^4+b^4}{(2l)^4}\end{aligned}$$

$$\frac{(x^2+(y+l)^2)^2+(x^2+(y-l)^2)^2}{4l^2}\cdot\sigma^2$$

$$= \frac{2\ (x^2 + y^2 + l^2)^2 + 2\ (2ly)^2}{4l^2} \cdot \sigma^2$$

$$= \frac{2\ (x^2 + y^2 + l^2)^2 + 2\ (2ly)^2}{4l^2} \cdot \sigma^2 \tag{5-32}$$

同理，由图 5-10 及三角形的正弦定理可知，传感器节点的纵坐标误差满足

$$E(\Delta y^2) \approx \left(\frac{\partial y}{\partial \phi_1}\right)^2 E(\Delta\phi_1{}^2) + \left(\frac{\partial y}{\partial \phi_3}\right)^2 E(\Delta\phi_3{}^2)$$

$$= 4l^2\sigma^2 \cdot \frac{\sin^4\phi_3 + \sin^4\phi_1}{\sin^4(\phi_3 - \phi_1)} = 4l^2\sigma^2 \cdot \frac{a^4 + b^4}{(2l)^4}$$

$$= \frac{((x + l)^2 + y^2)^2 + ((x - l)^2 + y^2)^2}{4l^2} \cdot \sigma^2$$

$$= \frac{2\ (x^2 + y^2 + l^2)^2 + 2\ (2lx)^2}{4l^2} \cdot \sigma^2$$

$$= \frac{2\ (x^2 + y^2 + l^2)^2 + 2\ (2lx)^2}{4l^2} \cdot \sigma^2 \tag{5-33}$$

由式（5-32）和式（5-33），可得

$$E((\hat{x} - x)^2 + (\hat{y} - y)^2) = E(\Delta x^2 + \Delta y^2)$$

$$= \frac{4\ (x^2 + y^2 + l^2)^2 + 8l^2(x^2 + y^2)}{4l^2} \cdot \sigma^2$$

$$= \frac{(x^2 + y^2)^2 + 4l^2(x^2 + y^2) + l^4}{l^2} \cdot \sigma^2$$

$$= (\frac{(x^2 + y^2)^2}{l^2} + 4(x^2 + y^2) + l^2) \cdot \sigma^2 \tag{5-34}$$

从以上分析可以发现，节点的横坐标、纵坐标误差与原点的距离有关，也和锚节点的配置位置有关。

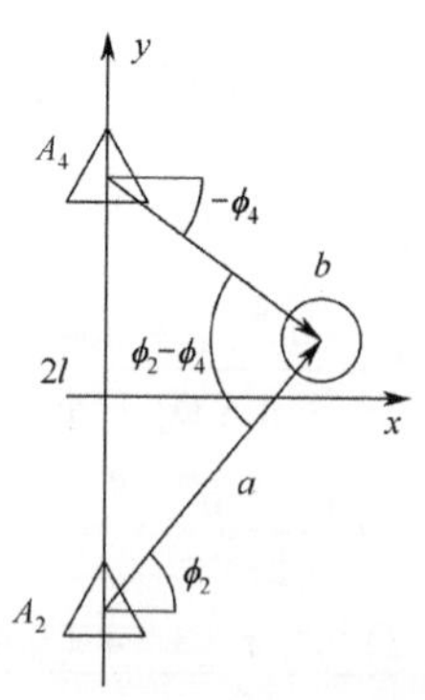

图 5-9 传感器节点横坐标误差分析

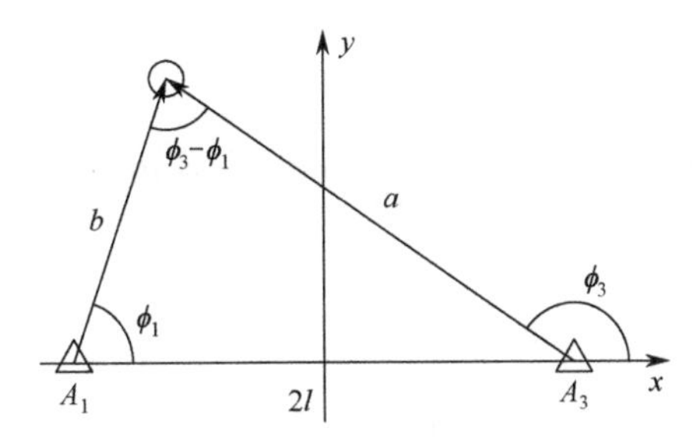

图 5-10　传感器节点纵坐标误差分析

下面考虑式（5-34）所确定的均方差在区域 Ω 上的平均值为

$$\underset{\Omega}{\text{mean}}(\text{MSE}) = \frac{\sigma^2 \iint\limits_{\Omega} \frac{(x^2+y^2)^2}{l^2} + 4(x^2+y^2) + l^2 \mathrm{d}x\mathrm{d}y}{\iint\limits_{\Omega} 1\mathrm{d}x\mathrm{d}y}$$

$$= \sigma^2\left(\frac{R^4+6l^2R^2+3l^4}{3l^2}\right) \tag{5-35}$$

与 l 之间的关系，可表示为

$$\frac{\mathrm{d}\left(\frac{R^4+6l^2R^2+3l^4}{3l^2}\right)}{\mathrm{d}l} = \frac{4(l^3+lR^2)}{l^2} - \frac{2(R^4+6l^2R^2+3l^4)}{3l^3} \tag{5-36}$$

令

$$\frac{\mathrm{d}\left(\frac{R^4+6l^2R^2+3l^4}{3l^2}\right)}{\mathrm{d}l} = 0 \tag{5-37}$$

解得

$$l = R/3^{1/4} \approx 0.7598R \tag{5-38}$$

下面，考虑式（5-34）所确定的均方差在区域 Ω 上的最大值：

$$\underset{\Omega}{\max}(\text{MSE}) = \sigma^2 \underset{\Omega}{\max}\left(\frac{(x^2+y^2)^2}{l^2} + 4(x^2+y^2) + l^2\right)$$

$$= \sigma^2 \cdot \left(\frac{R^4}{l^2} + 4R^2 + l^2\right) \tag{5-39}$$

与 l 之间的关系，可表示为

$$\frac{\mathrm{d}\left(\frac{R^4}{l^2} + 4R^2 + l^2\right)}{\mathrm{d}l} = 2l - \frac{2R^4}{l^3} \tag{5-40}$$

令

$$\frac{\mathrm{d}\left(\dfrac{R^4}{l^2}+4R^2+l^2\right)}{\mathrm{d}l}=0 \tag{5-41}$$

解得

$$l=R \tag{5-42}$$

三、定位误差下界——CRB

由式（5-5）及度量的独立性，可得

$$\begin{aligned} f_Z(\boldsymbol{Z};\boldsymbol{s}) &= N(\boldsymbol{\mu}(\boldsymbol{s}),\boldsymbol{\Sigma}) \\ &= \frac{1}{(2\pi)^2|\boldsymbol{\Sigma}|^{1/2}}\exp\left\{-\frac{1}{2}[\boldsymbol{Z}-\boldsymbol{\mu}(\boldsymbol{s})]^{\mathrm{T}}\boldsymbol{\Sigma}^{-1}[\boldsymbol{Z}-\boldsymbol{\mu}(\boldsymbol{s})]\right\} \end{aligned} \tag{5-43}$$

其中$\boldsymbol{\mu}(\boldsymbol{s})$由式（5-2）中真正的到达角构成，并且$\boldsymbol{\Sigma}=\sigma^2\boldsymbol{I}_4$，$\boldsymbol{I}_4$为4阶单位阵，由式（5-43），可得

$$\boldsymbol{J}(\boldsymbol{s})=[\boldsymbol{G}'(\boldsymbol{s})]^{\mathrm{T}}\boldsymbol{\Sigma}^{-1}[\boldsymbol{G}'(\boldsymbol{s})]=\frac{1}{\sigma^2}[\boldsymbol{G}'(\boldsymbol{s})]^{\mathrm{T}}[\boldsymbol{G}'(\boldsymbol{s})] \tag{5-44}$$

其中

$$\boldsymbol{G}'(\boldsymbol{s})=\begin{bmatrix} \dfrac{\partial\phi_1}{\partial x} & \dfrac{\partial\phi_1}{\partial y} \\ \dfrac{\partial\phi_2}{\partial x} & \dfrac{\partial\phi_2}{\partial y} \\ \dfrac{\partial\phi_3}{\partial x} & \dfrac{\partial\phi_3}{\partial y} \\ \dfrac{\partial\phi_4}{\partial x} & \dfrac{\partial\phi_4}{\partial y} \end{bmatrix} \tag{5-45}$$

$$\frac{\partial\phi_j}{\partial x}=-\frac{y-y_j}{d_j^2}=-\frac{y-y_j}{(x-x_j)^2+(y-y_j)^2} \tag{5-46}$$

$$\frac{\partial\phi_j}{\partial y}=\frac{x-x_j}{d_j^2}=\frac{x-x_j}{(x-x_j)^2+(y-y_j)^2} \tag{5-47}$$

令

$$\boldsymbol{C}(\boldsymbol{s})=[\boldsymbol{G}'(\boldsymbol{s})]^{\mathrm{T}}[\boldsymbol{G}'(\boldsymbol{s})] \tag{5-48}$$

根据式（3-33）、式（3-35）和式（3-36），可得

$$\boldsymbol{J}(\boldsymbol{s})=\frac{1}{\sigma^2}\begin{bmatrix} a_{xx} & a_{xy} \\ a_{xy} & a_{yy} \end{bmatrix} \tag{5-49}$$

其中

$$a_{xx}=\frac{y^2}{((-l+x)^2+y^2)^2}+\frac{y^2}{((l+x)^2+y^2)^2}+\frac{(-l+y)^2}{(x^2+(-l+y)^2)^2}+\frac{(l+y)^2}{(x^2+(l+y)^2)^2}$$

$$a_{yy}=\frac{(-l+x)^2}{((-l+x)^2+y^2)^2}+\frac{(l+x)^2}{((l+x)^2+y^2)^2}+\frac{x^2}{(x^2+(-l+y)^2)^2}+\frac{x^2}{(x^2+(l+y)^2)^2}$$

$$a_{xy}=-\left(\frac{(-l+x)y}{((-l+x)^2+y^2)^2}+\frac{(l+x)y}{((l+x)^2+y^2)^2}+\frac{x(-l+y)}{(x^2+(-l+y)^2)^2}+\frac{x(l+y)}{(x^2+(l+y)^2)^2}\right)$$

$$\mathrm{CRB}=[\boldsymbol{J}(\boldsymbol{s})]^{-1}=\sigma^2\begin{bmatrix}\frac{a_{yy}}{a_{xx}a_{yy}-a_{xy}^2} & -\frac{a_{xy}}{a_{xx}a_{yy}-a_{xy}^2}\\ -\frac{a_{xy}}{a_{xx}a_{yy}-a_{xy}^2} & \frac{a_{xx}}{a_{xx}a_{yy}-a_{xy}^2}\end{bmatrix}=\sigma^2[\boldsymbol{C}(\boldsymbol{s})]^{-1} \tag{5-50}$$

$$\begin{aligned}E((\hat{x}-x)^2+(\hat{y}-y)^2)&\geqslant[\boldsymbol{J}(\boldsymbol{s})]_{11}^{-1}+[\boldsymbol{J}(\boldsymbol{s})]_{22}^{-1}\\&=\mathrm{trace}([\boldsymbol{J}(\boldsymbol{s})^{-1}])=\frac{(a_{xx}+a_{yy})\sigma^2}{a_{xx}a_{yy}-a_{xy}^2}\end{aligned} \tag{5-51}$$

当$l=R=1$时，通过数学软件 Mathematica 计算，可得

$$\max_{(x,y)}\mathrm{trace}([\boldsymbol{J}(\boldsymbol{s})^{-1}])=1.827\sigma^2\leqslant\max_{(x,y)}E((\hat{x}-x)^2+(\hat{y}-y)^2)=6\sigma^2 \tag{5-52}$$

考虑$\hat{\phi}_i(i=1,2,3,4)$的误差，采用传感器节点坐标公式为

$$\hat{x}=\begin{cases}0, & |\sin(\hat{\phi}_2-\hat{\phi}_4)|<\sin\sigma\\ \frac{\cos\hat{\phi}_2\cos\hat{\phi}_4}{\sin(\hat{\phi}_2-\hat{\phi}_4)}\cdot 2l, & \text{其他}\end{cases} \tag{5-53}$$

$$\hat{y}=\begin{cases}0, & |\sin(\hat{\phi}_3-\hat{\phi}_1)|<\sin\sigma\\ \frac{\sin\hat{\phi}_1\sin\hat{\phi}_3}{\sin(\hat{\phi}_3-\hat{\phi}_1)}\cdot 2l, & \text{其他}\end{cases} \tag{5-54}$$

即为**十字到达角法**。记节点位置估计坐标矢量为

$$\hat{\boldsymbol{s}}_1 = \begin{bmatrix} \hat{x} \\ \hat{y} \end{bmatrix} \tag{5-55}$$

四、定位求精及仿真

为了增加定位精度，由十字到达角法确定的估计位置利用泰勒级数迭代算法进行一次迭代求精。由式（5-50）得出迭代公式[81]及变形为

$$\hat{\boldsymbol{s}}_2 = \hat{\boldsymbol{s}}_1 + [\boldsymbol{J}(\hat{\boldsymbol{s}}_1)]^{-1}[\boldsymbol{G}'(\hat{\boldsymbol{s}}_1)]^{\mathrm{T}}\boldsymbol{\Sigma}^{-1}(\hat{\boldsymbol{D}} - \boldsymbol{D}(\hat{\boldsymbol{s}}_1)) \tag{5-56}$$

$$\hat{\boldsymbol{s}}_2 = \hat{\boldsymbol{s}}_1 + [\boldsymbol{C}(\hat{\boldsymbol{s}}_1)]^{-1}[\boldsymbol{G}'(\hat{\boldsymbol{s}}_1)]^{\mathrm{T}}(\hat{\boldsymbol{D}} - \boldsymbol{D}(\hat{\boldsymbol{s}}_1)) \tag{5-57}$$

在如图 3-1 的配置条件下，仍取 $l = R = 1$，测角误差服从 $N(0,\sigma^2)(\sigma = 0.05)$。图 5-11 中，横坐标为节点坐标矢量和 x 轴的夹角 θ，θ 取值范围为 $[0,\pi/4]$；纵坐标为定位误差的均方差和相应的 CRB；r 为坐标矢量的长度，依次取值为 0、0.2、0.4、0.6、0.8、1.0。在图 5-12 中，横坐标为节点坐标矢量的长度 r，取值范围为 $[0,1]$；纵坐标为定位误差的均方差和相应的 CRB；θ 依次取值为 0、$\pi/20$、$2\pi/20$、$3\pi/20$、$4\pi/20$、$5\pi/20$。

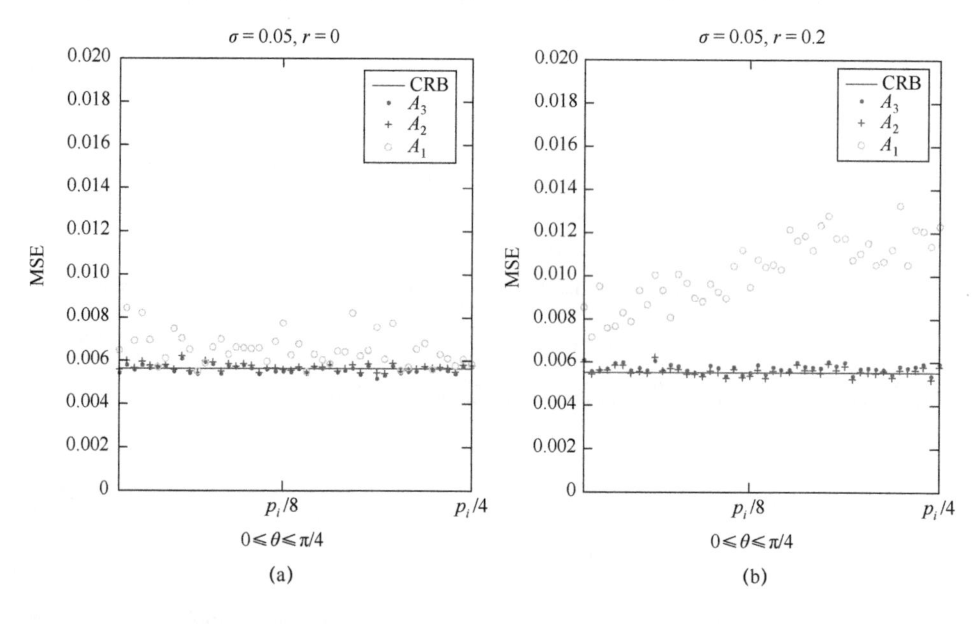

(a)

(b)

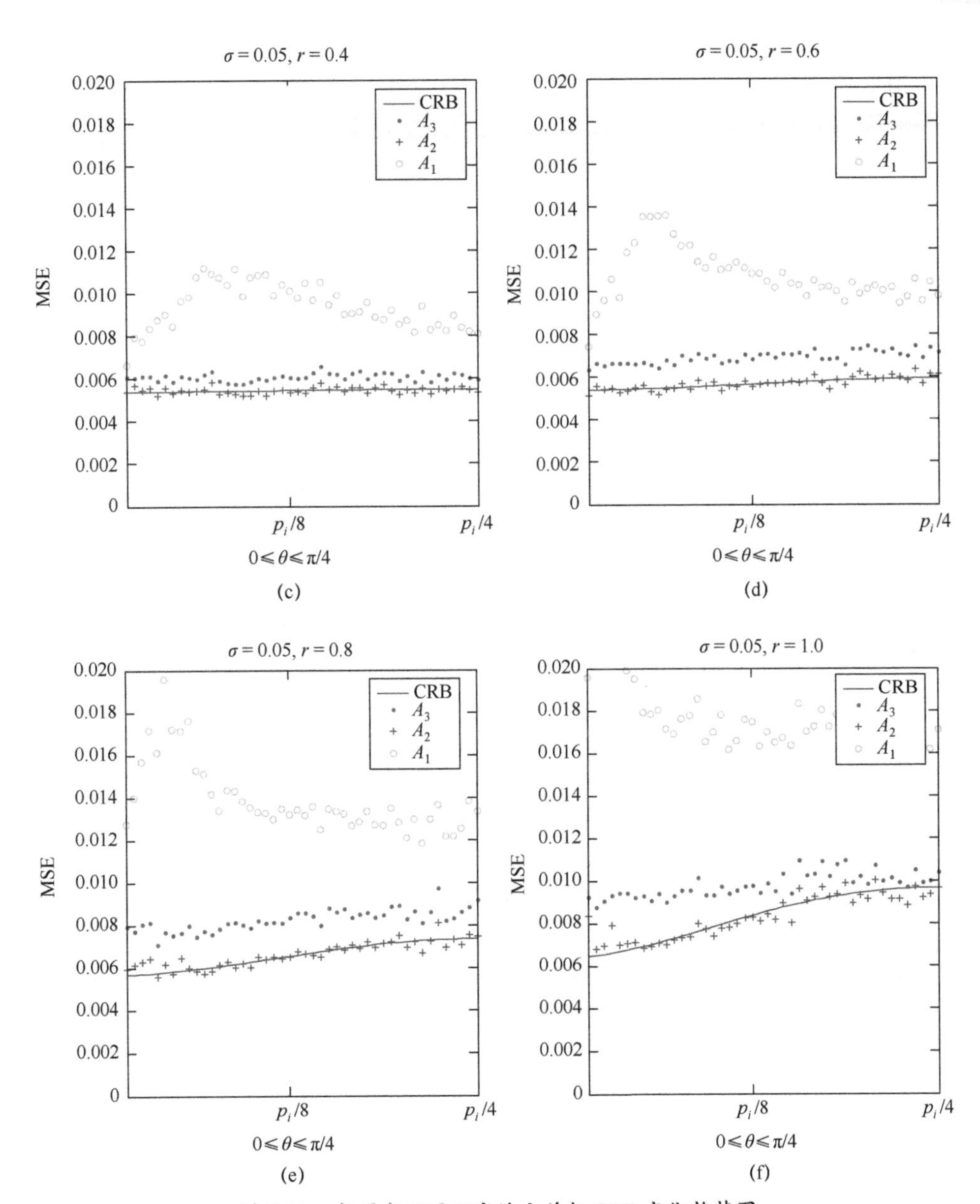

图 5-11　与原点不同距离均方差与 CRB 变化趋势图

CRB 由式（5-51）右边确定。图 5-11 和图 5-12 的 A_1 、A_2 、A_3 分别表示十字到达角法的定位误差的均方差、泰勒级数迭代算法一次迭代求精后的定位误差的均方差以及伪线性算法定位误差的均方差。由图 5-11 和图 5-12 可知，定位精度最高的是泰勒级数迭代算法一次迭代求精算法，定位误差基本达到

CRB。定位精度最差的是十字到达角法。伪线性算法的时间复杂度包括 3 次矩阵相乘和 1 次矩阵求逆。泰勒级数迭代算法一次迭代求精算法复杂度为 3 次矩阵乘法。十字到达角法时间复杂度的计算仅需 6 次乘法。

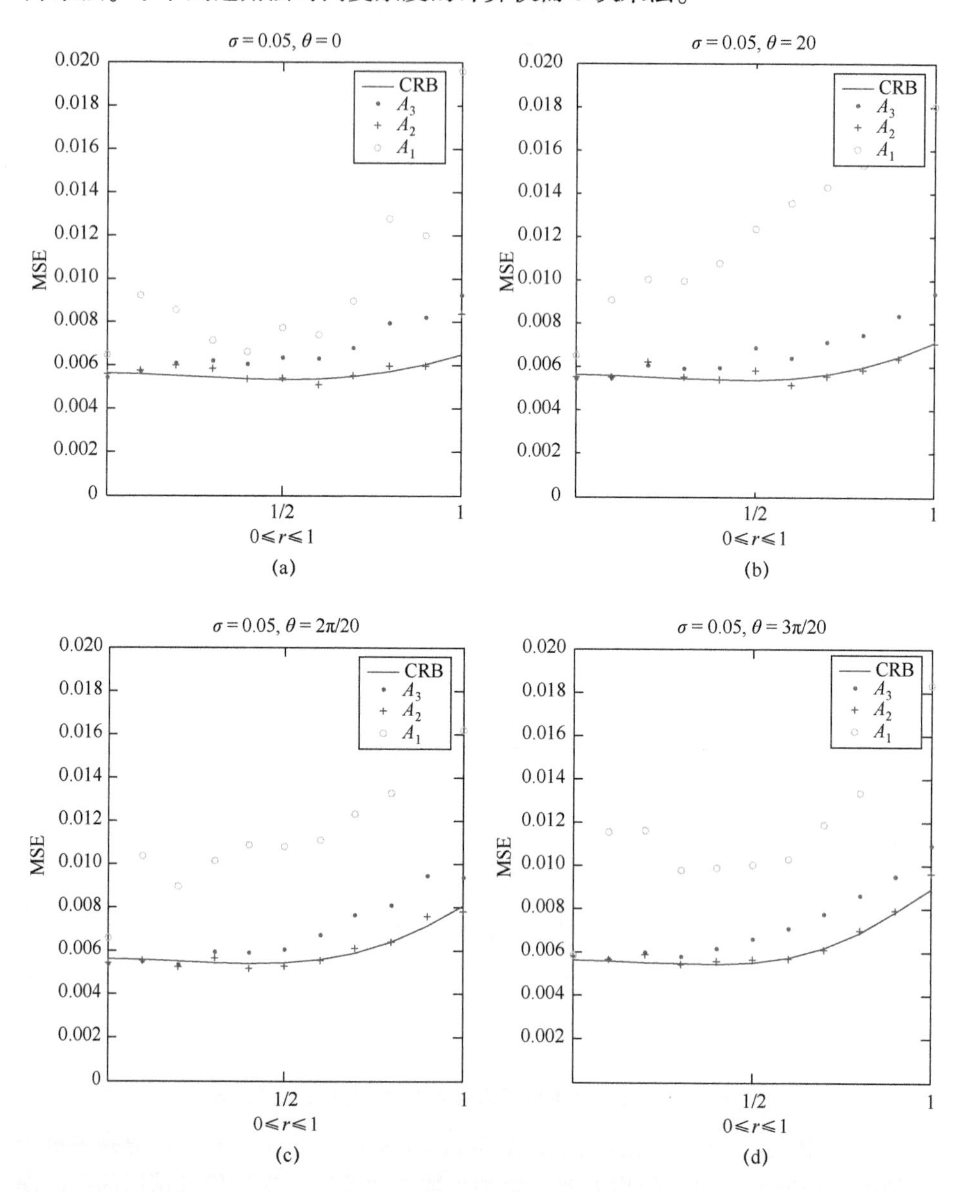

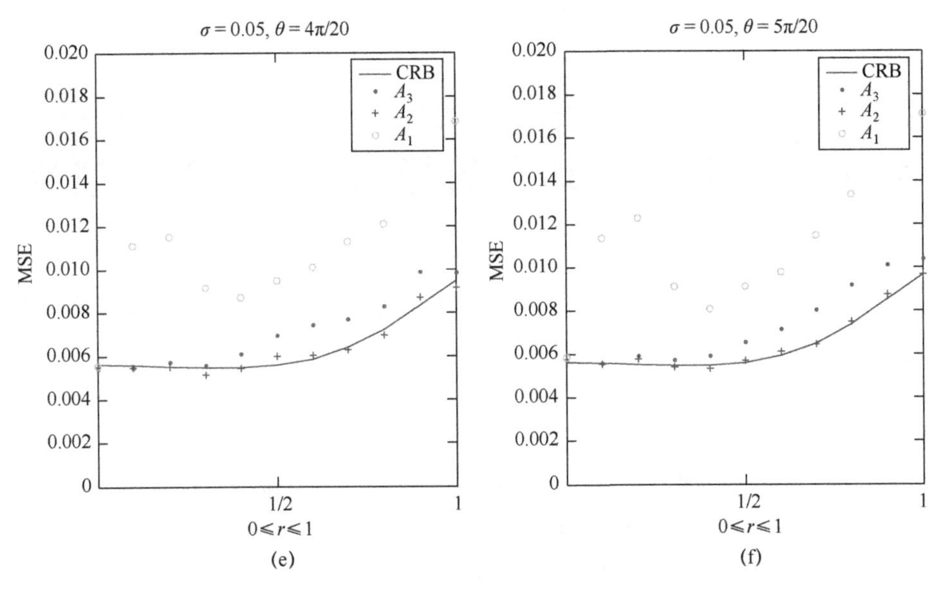

图 5-12　与 x 轴不同夹角均方差与 CRB 变化趋势图

小　结

在本章中，讨论了在十字布局锚节点条件下，基于到达角估计给出了定位算法——十字到达角法，讨论了定位性能，给出了定位求精的策略。

首先利用图形直观显示了角度参数对定位的影响，据此提出了十字到达角法。分析了十字到达角法的定位误差以及其与定位参数的关系。通过仿真比较了十字到达角法、泰勒级数迭代算法一次迭代求精算法、伪线性算法的定位性能。发现十字到达角法时间复杂度最低，而定位精度最高的是泰勒级数迭代算法一次迭代求精算法，其定位均方差达到了 CRB。

第六章　基于到达角的蜂窝网定位算法研究

蜂窝网单从定位方面来说与传感器网络定位并无太大差异。利用无线电通信系统的无线定位可应用于紧急通信、感应搜索定位和源定位，相关应用已引起人们的极大关注。最知名应用的是美国联邦通信委员会（FCC）要求无线电供应商能在数十米以内，迅速锁定 E911 紧急呼叫的用户。这里要求有两点：一是“快”；二是“准”。在“快”这一方面到达角定位的优势之一就是使用基站数量少于（TOA）或（TDOA）的方法[83-85]。所以本章考虑使用到达角方法来寻找满足“快”和“准”的定位算法。

第一节　最小二乘估计

假设 AOA 满足

$$\hat{\theta}_i - \theta_i = \Delta\theta_i, i = 1,2,\cdots,n \tag{6-1}$$

$$\Delta\theta_i \sim N(0,\sigma^2), i = 1,2,\cdots,n \tag{6-2}$$

$$\tan\theta_i = \frac{y - y_i}{x - x_i}, i = 1,2,\cdots,n \tag{6-3}$$

将式（6-3）变换为

$$x\sin\theta_i - y\cos\theta_i = x_i\sin\theta_i - y_i\cos\theta_i, i = 1,2,\cdots,n \tag{6-4}$$

式中：$\hat{\theta}_i$、θ_i 分别为基站 i 测量 AOA 和实际 AOA。基站 i 的位置和用户位置分别为 (x_i, y_i) 和 (x, y)。

利用式（6-4），用户位置的最小二乘解（LSE）[4,83]为

$$\begin{pmatrix} x \\ y \end{pmatrix} = (\boldsymbol{A}_L^{\mathrm{T}}\boldsymbol{A})^{-1}\boldsymbol{A}_L^{\mathrm{T}}\boldsymbol{b}_L \tag{6-5}$$

其中

$$\boldsymbol{A}_L = \begin{bmatrix} \sin\hat{\theta}_1 & -\cos\hat{\theta}_1 \\ \vdots & \vdots \\ \sin\hat{\theta}_i & -\cos\hat{\theta}_i \\ \vdots & \vdots \\ \sin\hat{\theta}_n & -\cos\hat{\theta}_n \end{bmatrix} \tag{6-6}$$

$$\boldsymbol{b}_L = \begin{pmatrix} x_1\sin\hat{\theta}_1 - y_1\cos\hat{\theta}_1 \\ \vdots \\ x_i\sin\hat{\theta}_i - y_i\cos\hat{\theta}_i \\ \vdots \\ x_n\sin\hat{\theta}_n - y_n\cos\hat{\theta}_n \end{pmatrix} \tag{6-7}$$

第二节　最大似然估计

假设无线蜂窝网到达角服从高斯同分布，则用户位置的最大似然估计（MLE）代价函数为

$$L(x,y;\sigma,\hat{\theta}_1,\cdots,\hat{\theta}_n) = \prod_{i=1}^{n} \frac{1}{\sqrt{2\pi}\sigma}\exp\left[-\frac{1}{2\sigma^2}(\hat{\theta}_i - \theta_i)^2\right] \tag{6-8}$$

$$\ln L = -\frac{n}{2}\ln(2\pi) - \frac{n}{2}\ln\sigma^2 - \frac{1}{2\sigma^2}\sum_{i=1}^{n}(\hat{\theta}_i - \theta_i)^2 \tag{6-9}$$

$$= -\frac{n}{2}\ln(2\pi) - \frac{n}{2}\ln\sigma^2 - \frac{1}{2\sigma^2}\sum_{i=1}^{n}(\hat{\theta}_i - \mathrm{argtan}\frac{y-y_i}{x-x_i})^2 \tag{6-10}$$

显然，$\ln L$ 最大意味着下式最小，即

$$\sum_{i=1}^{n}\Delta\theta_i^2 = \sum_{i=1}^{n}(\hat{\theta}_i - \mathrm{argtan}\frac{y-y_i}{x-x_i})^2 \tag{6-11}$$

$$\tan\Delta\theta_i = \frac{\tan\hat{\theta}_i - \dfrac{y-y_i}{x-x_i}}{1 + \dfrac{y-y_i}{x-x_i}\tan\hat{\theta}_i},\quad i = 1,2,\cdots,n \tag{6-12}$$

式（6-12）两边同乘 $1 + \frac{y-y_i}{x-x_i}\tan\hat{\theta}_i$，可得

$$\tan\hat{\theta}_i - \frac{y - y_i}{x - x_i} = \tan\Delta\theta_i\left(1 + \frac{y - y_i}{x - x_i}\tan\hat{\theta}_i\right),\quad i = 1,2,\cdots,n \tag{6-13}$$

式（6-13）两边同乘 $(x - x_i)\cos\hat{\theta}_i$ ，可得

$$(y - y_i)(\cos\hat{\theta}_i + \tan\Delta\theta_i\sin\hat{\theta}_i) + (x - x_i)(-\sin\hat{\theta}_i + \tan\Delta\theta_i\cos\hat{\theta}_i) = 0, i = 1,2,\cdots,n \tag{6-14}$$

考虑一般情况下 $\Delta\theta_i$ 很小，$\tan\Delta\theta_i$ 由 $\Delta\theta_i$ 替换，利用如下优化模型可获得用户位置坐标，即

$$\min\sum_{i=1}^{n}\Delta\theta_i^2 (y - y_i)(\cos\hat{\theta}_i + \Delta\theta_i\sin\hat{\theta}_i) + (x - x_i)(-\sin\hat{\theta}_i + \Delta\theta_i\cos\hat{\theta}_i) = 0, i = 1,2,\cdots,n \tag{6-15}$$

第三节　最大似然估计线性化算法

最大似然估计非线性优化求解有很高的时间复杂度。为降低时间复杂度同时精度不受大的影响，需要对模型式（6-15）进行线性化处理。

首先将模型式（6-15）等式约束变形转化为

$$(y - y_i)\cos\hat{\theta}_i + (y - y_i)\Delta\theta_i\sin\hat{\theta}_i - (x - x_i)\sin\hat{\theta}_i + (x - x_i)\Delta\theta_i\cos\hat{\theta}_i = 0, i = 1,2,\cdots,n \tag{6-16}$$

通过将部分未知数 x、y 由初值 x_p、y_p 代替，从而将式（6-16）改写为

$$(y - y_i)\cos\hat{\theta}_i + (y_p - y_i)\Delta\theta_i\sin\hat{\theta}_i - (x - x_i)\sin\hat{\theta}_i + (x_p - x_i)\Delta\theta_i\cos\hat{\theta}_i = 0, i = 1,2,\cdots,n \tag{6-17}$$

用户的初始位置由式（6-5）求得，即

$$\boldsymbol{p} = \begin{pmatrix} x_p \\ y_p \end{pmatrix} = (\boldsymbol{A}_L^{\mathrm{T}}\boldsymbol{A})^{-1}\boldsymbol{A}_L^{\mathrm{T}}\boldsymbol{b}_L \tag{6-18}$$

从而得到如下优化模型获得用户位置坐标，即

$$\min\sum_{i=1}^{n}\Delta\theta_i^2 \frac{x\sin\hat{\theta}_i - y\cos\hat{\theta}_i}{(x_p - x_i)\cos\hat{\theta}_i + (y_p - y_i)\sin\hat{\theta}_i} - \frac{x_i\sin\hat{\theta}_i - y_i\cos\hat{\theta}_i}{(x_p - x_i)\cos\hat{\theta}_i + (y_p - y_i)\sin\hat{\theta}_i} = \Delta\theta_i,\quad i = 1,2,\cdots,n \tag{6-19}$$

设解为

$$\begin{bmatrix} x \\ y \end{bmatrix} = (\boldsymbol{A}_p^{\mathrm{T}}\boldsymbol{A}_p)^{-1}\boldsymbol{A}_p^{\mathrm{T}}\boldsymbol{b}_p \tag{6-20}$$

其中

$$\boldsymbol{A}_p = \begin{bmatrix} \dfrac{\sin\hat{\theta}_1}{(x_p - x_1)\cos\hat{\theta}_1 + (y_p - y_1)\sin\hat{\theta}_1} & \dfrac{-\cos\hat{\theta}_1}{(x_p - x_1)\cos\hat{\theta}_1 + (y_p - y_1)\sin\hat{\theta}_1} \\ \vdots & \vdots \\ \dfrac{\sin\hat{\theta}_i}{(x_p - x_i)\cos\hat{\theta}_i + (y_p - y_i)\sin\hat{\theta}_i} & \dfrac{-\cos\hat{\theta}_i}{(x_p - x_i)\cos\hat{\theta}_i + (y_p - y_i)\sin\hat{\theta}_i} \\ \vdots & \vdots \\ \dfrac{\sin\hat{\theta}_n}{(x_p - x_n)\cos\hat{\theta}_n + (y_p - y_n)\sin\hat{\theta}_n} & \dfrac{-\cos\hat{\theta}_n}{(x_p - x_n)\cos\hat{\theta}_n + (y_p - y_n)\sin\hat{\theta}_n} \end{bmatrix} \tag{6-21}$$

$$\boldsymbol{b}_p = \begin{bmatrix} \dfrac{x_1\sin\hat{\theta}_1 - y_1\cos\hat{\theta}_1}{(x_p - x_1)\cos\hat{\theta}_1 + (y_p - y_1)\sin\hat{\theta}_1} \\ \vdots \\ \dfrac{x_i\sin\hat{\theta}_i - y_i\cos\hat{\theta}_i}{(x_p - x_i)\cos\hat{\theta}_i + (y_p - y_i)\sin\hat{\theta}_i} \\ \vdots \\ \dfrac{x_n\sin\hat{\theta}_n - y_n\cos\hat{\theta}_n}{(x_p - x_n)\cos\hat{\theta}_n + (y_p - y_n)\sin\hat{\theta}_n} \end{bmatrix} \tag{6-22}$$

第四节　理论分析和仿真实验

由式（6-2）可知，CRB 由下式给出，即

$$\mathrm{CRB} = \sigma^2 (\boldsymbol{G}^{\mathrm{T}}\boldsymbol{G})^{-1} \tag{6-23}$$

其中

$$
\boldsymbol{G} = \begin{bmatrix} -\dfrac{y-y_1}{(x-x_1)^2+(y-y_1)^2} & \dfrac{x-x_1}{(x-x_1)^2+(y-y_1)^2} \\ \vdots & \vdots \\ -\dfrac{y-y_n}{(x-x_n)^2+(y-y_n)^2} & \dfrac{x-x_n}{(x-x_n)^2+(y-y_n)^2} \end{bmatrix} \tag{6-24}
$$

定义 MCRB 为

$$
\mathrm{MCRB} = \underset{(x,y)\in\Omega}{\mathrm{mean}}(\mathrm{trace}(\mathrm{CRB})) \tag{6-25}
$$

式中：Ω 为用户活动区域，即所需的定位区域。显然，有

$$
\underset{(x,y)\in\Omega}{\mathrm{mean}}(E((\hat{x}-x)^2+(\hat{y}-y)^2)) \geqslant \mathrm{MCRB} \tag{6-26}
$$

由式（6-26），可知

$$
\begin{aligned} & E((\hat{x}-x)^2+(\hat{y}-y)^2) = \mathrm{trace}(\mathrm{CRB}), \quad \forall (x,y) \in \Omega \\ & \Leftrightarrow \underset{\Omega}{\mathrm{mean}}(E(\hat{x}-x)^2+(\hat{y}-y)^2) = \mathrm{MCRB} \end{aligned} \tag{6-27}
$$

如图 6-1 所示，假设基站坐标分别为 $(0,0)$，$(0,R)$，$(0,-R)$，$(R\cos(\pi/6), R\sin(\pi/6))$，$(R\cos(\pi/6),-R\sin(\pi/6))$，$(-R\cos(\pi/6),-R\sin(\pi/6))$，$(-R\cos(\pi/6),R\sin(\pi/6))$。用户坐标分别为

$$
\left(\frac{R}{2}\cos\frac{k\pi}{30},\frac{R}{3}\sin\frac{k\pi}{30}\right),\ k=0,1,\cdots,59 \tag{6-28}
$$

其中

$$
R=1,\Delta\theta_i \sim N(0,\left(\frac{k\pi}{540}\right)^2)(3\sigma=\frac{k\pi}{180},k=1,2,\cdots,10)
$$

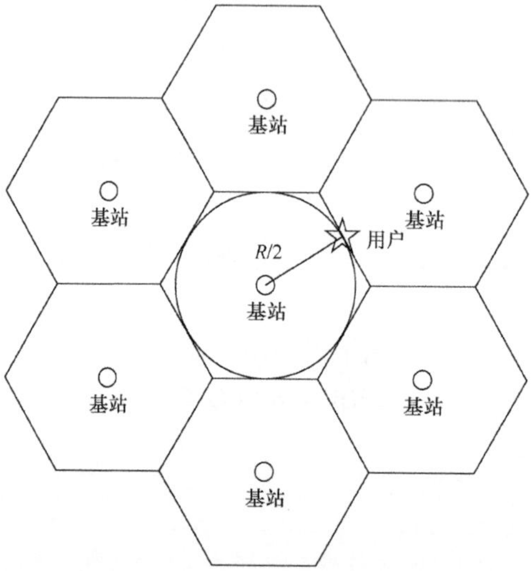

图 6-1　基站、用户位置示意图

由图 6-2 可以看出，最大似然估计线性化算法的均方误差比最小二乘估计算法的均方误差要小，通过与 MCRB 比较可知，最大似然估计线性化算法的均方误差基本达到了 CRB。由图 6-3 可以看出，最大似然估计线性化算法的平均误差比最小二乘估计算法的平均误差要小，而且都和噪声误差成正比。最大似然估计线性化算法的时间复杂度只是最小二乘算法的 2 倍，属于同一个数量级。

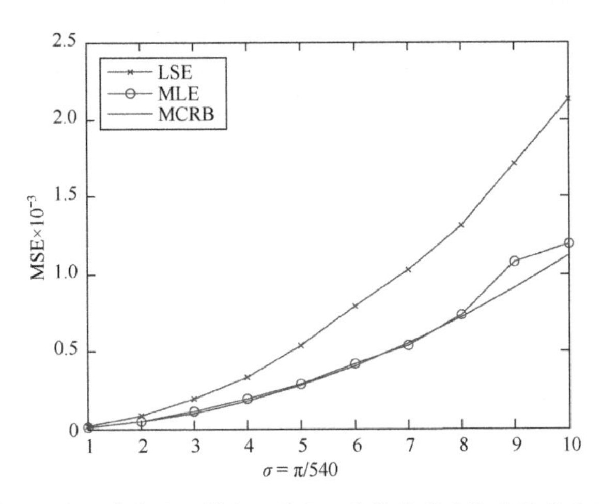

图 6-2 最大似然估计线性化算法、最小二乘估计算法均方误差及 MCRB 比较

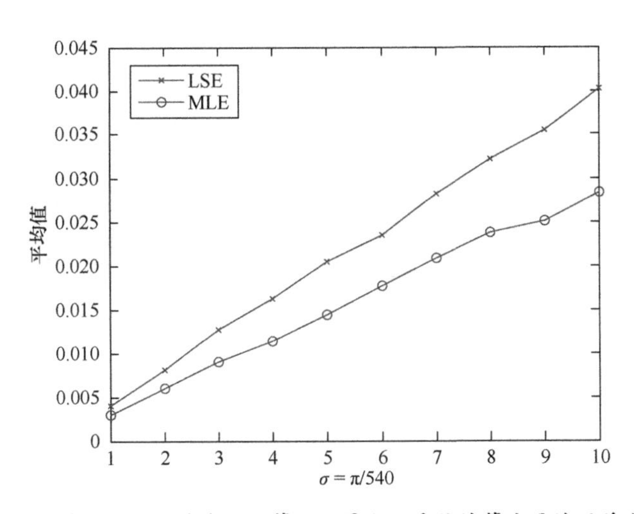

图 6-3 最大似然估计线性化算法、最小二乘估计算法平均误差比较

小　结

本章考虑的是蜂窝网定位问题。首先，给出常见的基于到达角的最小二乘估计算法；其次，给出最大似然估计算法；然后，考虑到最小二乘算法的误差偏大和最大似然估计非线性求解的高时间复杂度，通过线性化，在最小二乘估计算法的基础上，给出最大似然估计线性化算法。最后，通过理论推导和仿真发现最大似然估计线性化算法比最小二乘算法误差小，而且其定位误差达到了 CRB。

第七章　改进的 DIR 定位算法

基于移动锚节点的定位比利用固定锚节点有很多优势。基于移动锚节点将硬件复杂性和能量消耗转移到移动锚节点上，大大减少了普通节点的硬件配置和能量消耗。另外，移动锚节点的使用减少了锚节点的布置成本，一个移动锚节点在不同位置播报信息相当于在不同位置布置固定锚节点。利用移动锚节点还可以避免信标信号干扰和碰撞。但是，现有的基于移动锚节点的定位方案和定位算法在有些方面还有待改进，本章基于具有定向天线的移动锚节点的 DIR 定位算法的缺陷及其改进算法进行探讨。

第一节　DIR 定位算法

在文献［63］中，DIR 定位算法被定义为锚节点通过 GPS 确定自己的位置，然后在观测区域边移动边通过 4 个定向天线发送信标信息，无线传感器节点通过接收到的信标信息计算自己的坐标位置。DIR 定位算法仍通过旁瓣压缩将天线模式近似为波束宽度为 $\theta(0 < \theta < \pi/2)$ 的扇形（图 5-1）。当锚节点定向天线主瓣对准传感器节点时，传感器节点能收到锚节点的播报信号。在 DIR 定位算法中，锚节点的 4 个定向天线分别指向两个坐标轴的 4 个方向（图 7-1）。

锚节点的移动方向平行于坐标轴（图 7-2、图 7-3）。当锚节点移动方向平行 x 轴时，锚节点边移动边利用 GPS 确定自己的坐标并通过图 7-1 中的定向天线②和④播报自己的 x 坐标及相关信息。当移动方向平行 y 轴时，锚节点边移动边利用 GPS 确定自己的坐标并通过定向天线①和③播报自己的 y 坐标及相关信息。每个传感器节点根据接收到的移动锚节点 x 坐标取其中位数作为自己的 x 坐标，根据接收到的移动锚节点 y 坐标取其中位数作为自己的 y 坐标。

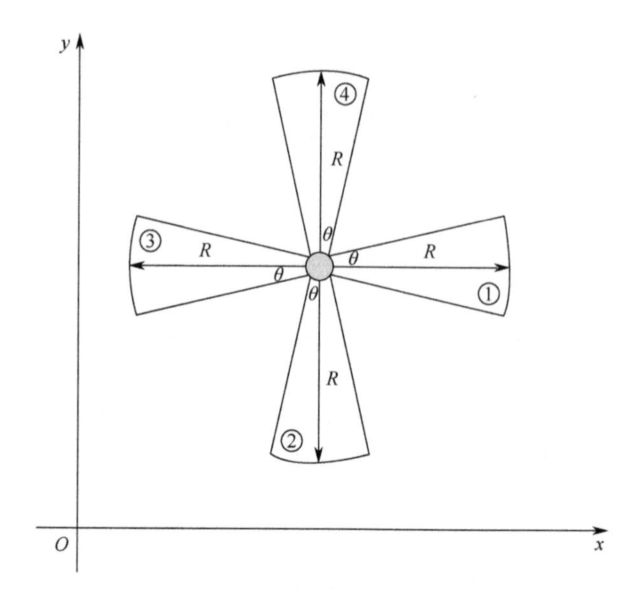

图 7-1 移动锚节点的定向天线模式

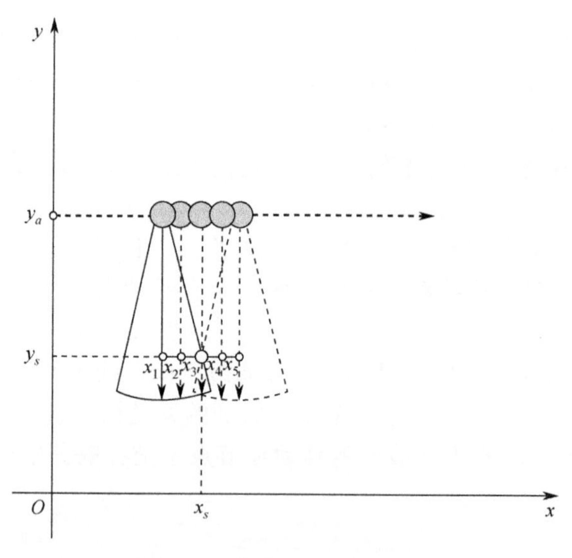

图 7-2 节点的 x 坐标估计

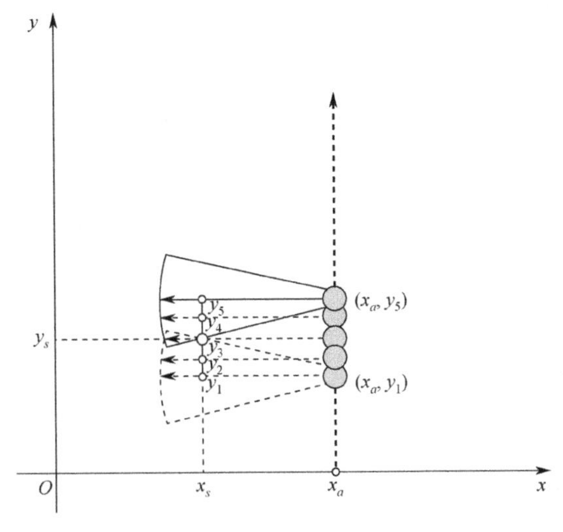

图 7-3　节点的 y 坐标估计

第二节　DIR 算法缺陷及改进

DIR 算法有如下缺陷。

（1）天线冗余，在沿平行 x 轴遍历时，图 7-1 中定向天线①和③被搁置，在沿平行 y 轴遍历时，图 7-1 中定向天线②和④被搁置。

（2）确定节点坐标不应使用中位数，由于锚节点移动不匀速，从而导致定位不精确，而且没有充分利用定向天线的波束宽度等相关信息。

（3）由于确定 x 坐标与 y 坐标需要分别遍历，导致遍历路径过长。

针对 DIR 算法的缺陷给出如下改进。

仅使用平行于 x 轴的两个定向天线（图 7-4），沿平行 y 轴遍历，不使用中位数，而使用具有更多信息量的 y 坐标的最大值和最小值以及对应的 x 坐标，再利用它们之间的几何关系确定传感器节点的坐标。

如图 7-4 所示，无线传感器网络区域包含一个移动锚节点，设移动锚节点具有两个定向天线 $D = \{d_k \mid k = 1,2\}$，k 为波束索引，每一个波束宽度为 θ，锚节点随着遍历无线传感器网络区域，每隔一个信标距离 d_{beacon}（两个连续的信标信息之间的距离）传送一个信标信息。设传感区域为方形区域且边长为 L，锚节点移动策略类型选择 SCAN[65]（图 7-5），移动路径之间的距离为 $2H = \frac{L}{n}$，其中 R 为定向天线的射程，θ 为定向天线的波束宽度，则 SCAN 策略遍历历程为

$$
\begin{aligned}
D &= \left(L + 2H\tan\frac{\theta}{2}\right) \cdot \frac{L}{2H} + L - 2H \\
&= \left(L + \frac{L}{n}\tan\frac{\theta}{2}\right) \cdot n + L - \frac{L}{n} \\
&= \left(n + 1 + \tan\frac{\theta}{2} - \frac{1}{n}\right)L
\end{aligned} \tag{7-1}
$$

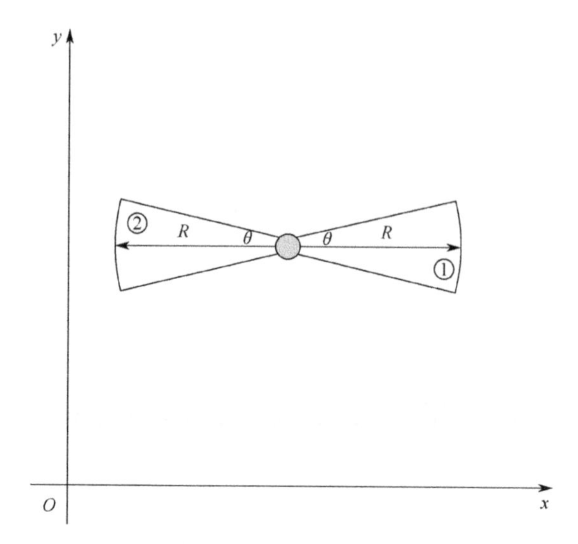

图 7-4 改进算法移动锚节点的定向天线模式

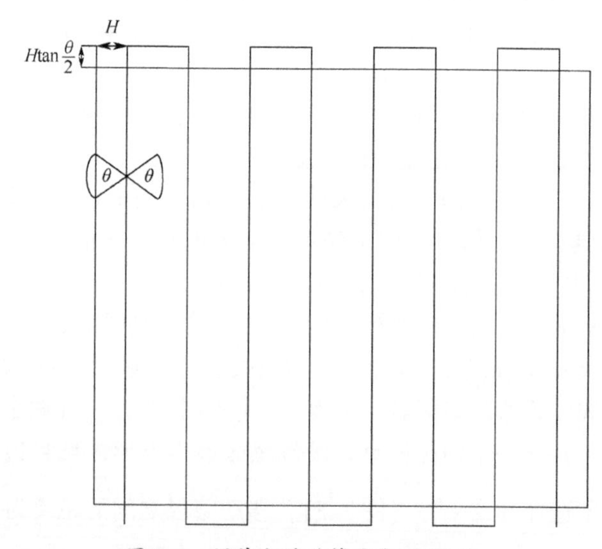

图 7-5 锚节点移动策略类型 SCAN

信标信息包含坐标和标记，坐标区域包含移动锚节点的横坐标和纵坐标，标记区域包含一个布尔值，真值表示为第一个波束发送的信标信息，假值表示为第二个波束发送的信标信息。这样就构成了信标信息序列 $B = \{(x_i, y_i, b_i) \mid i = 1,2,\cdots,N\}$ 。对于无线传感器节点接收到该信息，取

$$(x_{\max}, y_{\max}, b_{\max}) = \underset{(x_i, y_i, b_i) \in B}{\operatorname{argmax}} y_i \tag{7-2}$$

$$(x_{\min}, y_{\min}, b_{\min}) = \underset{(x_i, y_i, b_i) \in B}{\operatorname{argmin}} y_i \tag{7-3}$$

显然，如图 7-6 所示，可取节点的纵坐标为

$$y = \frac{y_{\min} + y_{\max}}{2} \tag{7-4}$$

若 $b_{\min} = b_{\max} = 1$ ，如图 7-6 所示，可得

$$x = \frac{x_{\min} + x_{\max}}{2} + \frac{(y_{\max} - y_{\min})}{2\tan\dfrac{\theta}{2}} \tag{7-5}$$

相应地，若 $b_{\min} = b_{\max} = 0$ ，则

$$x = \frac{x_{\min} + x_{\max}}{2} - \frac{(y_{\max} - y_{\min})}{2\tan\dfrac{\theta}{2}} \tag{7-6}$$

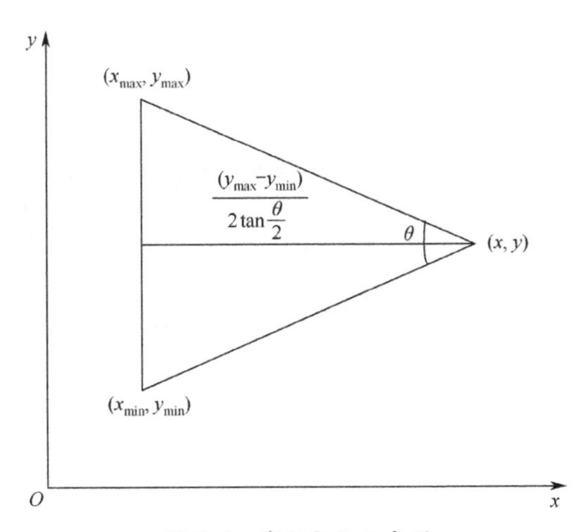

图 7-6　节点定位示意图

第三节　定位误差分析

设移动锚节点定向天线误差服从高斯分布，即

$$\Delta\theta_i \sim N(0,\sigma^2),\quad i=1,2 \tag{7-7}$$

首先考虑第一扇区，如图 7-7 所示，设节点距移动路径为 $h(0 \leqslant h \leqslant H)$，则节点纵坐标的定位误差为

$$\begin{aligned}\Delta y &= \frac{h\tan\left(\frac{\theta}{2}+\Delta\theta_1\right)-h\tan\left(\frac{\theta}{2}+\Delta\theta_2\right)}{2} \\ &\approx \frac{h(\Delta\theta_1-\Delta\theta_2)}{2\cos^2\frac{\theta}{2}},\ 0<h<R\cos\frac{\theta}{2}\end{aligned} \tag{7-8}$$

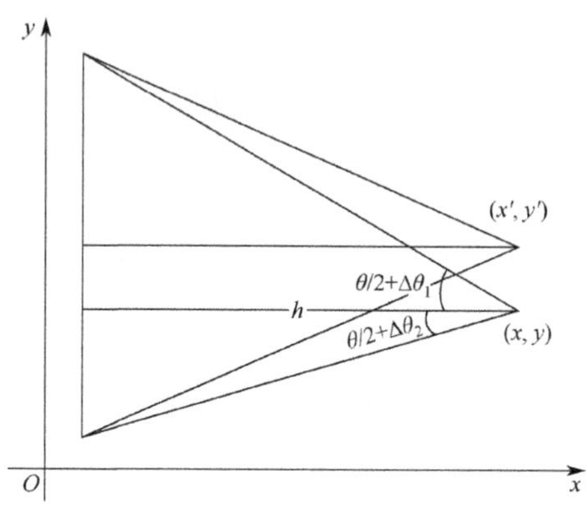

图 7-7 节点定位误差

节点横坐标的定位误差为

$$\begin{aligned}\Delta x &= \frac{h\tan\left(\frac{\theta}{2}+\Delta\theta_1\right)+h\tan\left(\frac{\theta}{2}+\Delta\theta_2\right)}{2\tan\frac{\theta}{2}}-h \\ &\approx \frac{h(\Delta\theta_1+\Delta\theta_2)}{\sin\theta},\ 0\leqslant h\leqslant H\end{aligned} \tag{7-9}$$

则均方误差为

$$\begin{aligned}&\frac{1}{H}\int_0^H\int_{-\infty}^{\infty}\int_{-\infty}^{\infty}\frac{h^2(\Delta\theta_1-\Delta\theta_2)^2}{4\cos^4\frac{\theta}{2}}+\frac{h^2(\Delta\theta_1+\Delta\theta_2)^2}{\sin^2\theta}f(\Delta\theta_1)f(\Delta\theta_2)\,\mathrm{d}\Delta\theta_1\mathrm{d}\Delta\theta_2\mathrm{d}h \\ &= \frac{H^2}{3}\int_{-\infty}^{\infty}\int_{-\infty}^{\infty}\frac{(\Delta\theta_1^2+\Delta\theta_2^2+2\Delta\theta_1\Delta\theta_2\cos\theta)}{4\sin^2\frac{\theta}{2}\cos^4\frac{\theta}{2}}f(\Delta\theta_1)f(\Delta\theta_2)\,\mathrm{d}\Delta\theta_1\mathrm{d}\Delta\theta_2 \\ &= \frac{H^2\sigma^2}{6\sin^2\frac{\theta}{2}\cos^4\frac{\theta}{2}}\end{aligned} \tag{7-10}$$

式中：$f(\theta)$ 为高斯分布 $N(0,\sigma^2)$ 的概率密度。

当 $\theta = 70.5288°$ 时，均方误差最小。对于第二扇区误差类似可得。

第四节　传感器节点定位能量消耗

设传感器节点接收一次信标信息消耗能量 E，对每一个传感器节点在定位过程的能量消耗与接收数据的次数成正比，而接收次数与定向天线扫过的长度成正比，如图 7-8 所示，除阴影遍历区域接收两个定向天线的信标信息，其他区域只接收一个定向天线的信标信息，则传感器接收信标信息平均消耗的能量为

$$E_{\text{mean}} = \frac{E}{Hd_{\text{beacon}}}\left(\int_0^H 2x\tan\frac{\theta}{2}\mathrm{d}x + \int_{2H-\frac{H}{\cos\frac{\theta}{2}}}^{H} 2\sqrt{\left(H/\cos\frac{\theta}{2}\right)^2 - (x-2H)^2}\,\mathrm{d}x\right)$$

$$= \frac{EH\theta}{2d_{\text{beacon}}\cos^2\frac{\theta}{2}} \tag{7-11}$$

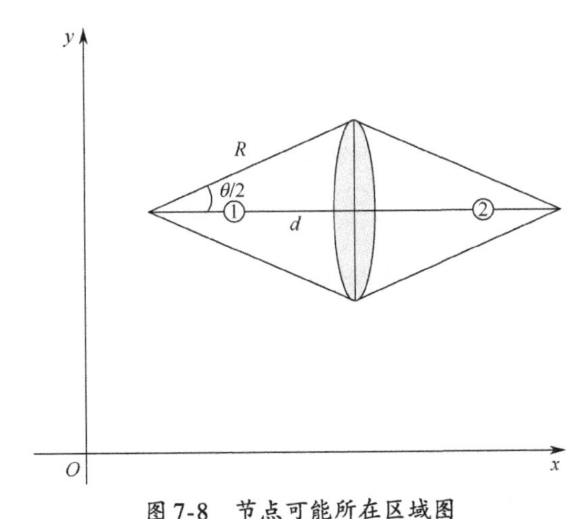

图 7-8　节点可能所在区域图

第五节　声传感器情形分析

一、定位方案

针对声传感器的特点，锚节点可加装一声源设备，移动锚节点每隔时间 Ts 发射一次信标信息和声音脉冲，而其他参数保持不变。假设信标信号和声

音脉冲的速度分别为 c_1 和 c_2 ，到达时间分别为 T_1 和 T_2 ，通过测量信标信号和声音脉冲的时间差，可以确定锚节点和节点的距离为

$$d = (T_2 - T_1)S = (T_2 - T_1)\frac{c_1 c_2}{c_1 - c_2} \tag{7-12}$$

由图 7-9 可知，为避免距离含混，即错把不是同时发射的信标信号和声信号当作同时发射的信号而导致的测距错误，信标时间间隔应满足

$$T > d/S \tag{7-13}$$

又因为

$$d \leqslant H \tag{7-14}$$

所以

$$T > \frac{H(c_1 - c_2)}{c_1 c_2} \tag{7-15}$$

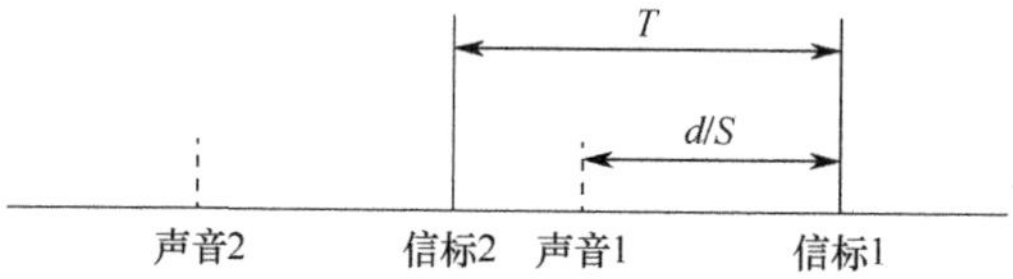

T
d/S
声音2 信标2 声音1 信标1

图 7-9 信标时间间隔限制示意图

令 $T = \frac{H}{c_2}$ ，如图 7-10 所示，当被定向天线①覆盖时，节点坐标取

$$(x_s, y_s) = \underset{(x_a+d, y_a)}{\operatorname{argmin}}(T_2 - T_1) \tag{7-16}$$

当被第②个定向天线覆盖时，节点坐标取

$$(x_s, y_s) = \underset{(x_a-d, y_a)}{\operatorname{argmin}}(T_2 - T_1) \tag{7-17}$$

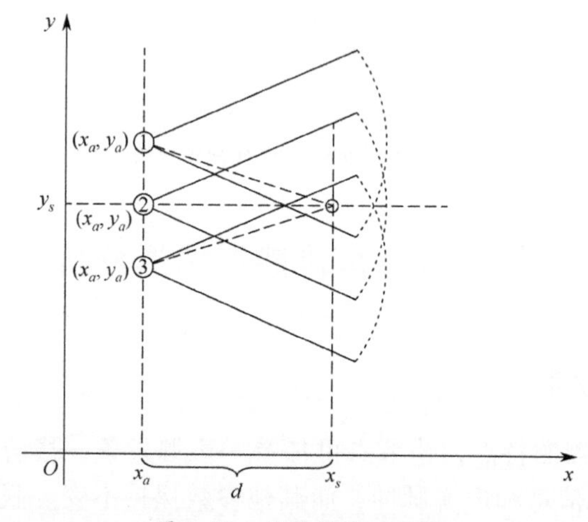

图 7-10 位置估计示意图

二、误差分析

假设锚节点以匀速 v（m/s）的速度在观测区域内移动。相邻信标信息发射的时间所走过的距离（信标距离）为 vT。由图 7-11 可知，由锚节点信标距离导致的纵坐标误差服从均匀分布，即

$$e_{y\_\text{beacon}} \sim U\left(-\frac{vT}{2},\frac{vT}{2}\right) \tag{7-18}$$

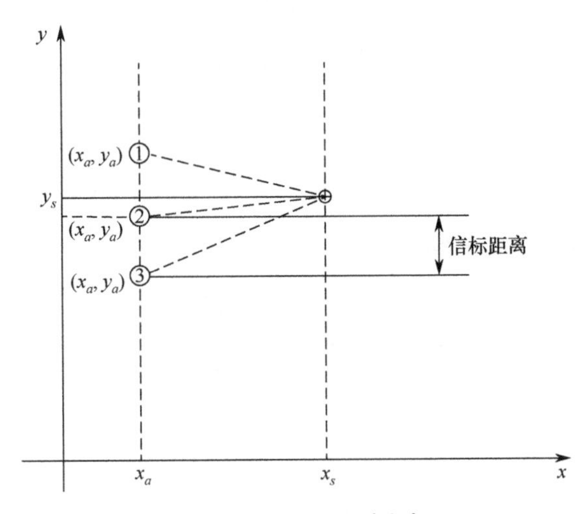

图 7-11　纵坐标误差分析

考虑距离 d 的度量误差[86]，设由锚节点信标距离导致的横坐标误差服从均匀分布，即

$$e_{x\_\text{beacon}} \sim U(-0.1d, 0.1d) \tag{7-19}$$

显然，定位算法的精度依赖于锚节点自身的位置精度（如锚节点 GPS 定位精度）及信标距离。设锚节点自身的位置精度满足

$$(e_{x\_\text{anchor}}, e_{y\_\text{anchor}}) \sim N(0,0,\sigma_1^2,\sigma_2^2,\rho) \tag{7-20}$$

则

$$e_y = e_{y\_\text{anchor}} + e_{y\_\text{beacon}} \tag{7-21}$$

$$e_x = e_{x\_\text{anchor}} + e_{x\_\text{beacon}} \tag{7-22}$$

$$\begin{aligned} E(e_y^2) &= E\left((e_{y\_\text{anchor}} + e_{y\_\text{beacon}})^2\right) \\ &= E(e_{y\_\text{anchor}}^2) + E(e_{y\_\text{beacon}}^2) \\ &= \sigma_2^2 + \frac{(vT)^2}{12} \end{aligned} \tag{7-23}$$

$$
\begin{aligned}
E(e_x^2) &= E((e_{x\_\text{anchor}} + e_{x\_\text{beacon}})^2) \\
&= E(e_{x\_\text{anchor}}^2) + E(e_{x\_\text{beacon}}^2) \\
&= \sigma_1^2 + \frac{(0.2d)^2}{12} \quad (0 \leqslant d \leqslant H)
\end{aligned} \tag{7-24}
$$

$$
\begin{aligned}
E(e^2) &= \frac{1}{H}\int_0^H E(e_x^2 + e_y^2)\,\mathrm{d}d \\
&= \frac{1}{H}\int_0^H (E(e_x^2) + E(e_y^2))\,dd \\
&= \sigma_1^2 + \sigma_2^2 + \frac{0.01H^3}{9} + \frac{(vT)^2}{12} \\
&= \sigma_1^2 + \sigma_2^2 + \frac{0.01H^3}{9} + \frac{(vH)^2}{12c_2^2}
\end{aligned} \tag{7-25}
$$

三、抗多径干扰分析

在大多数传感器网络应用场景，多径传播不可避免。如图 7-12 所示，定位算法部分解决了多径传播引起的误差。

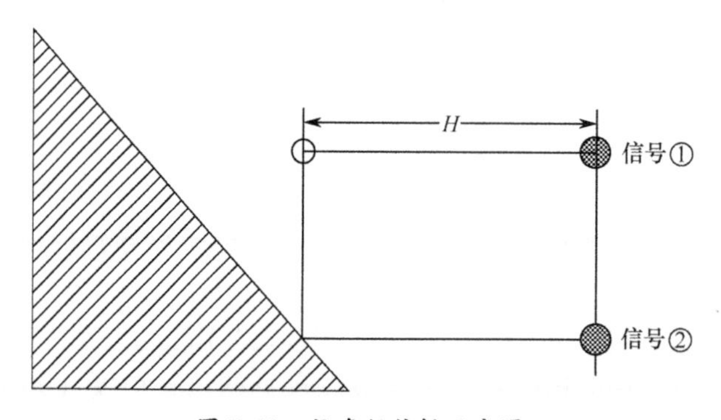

图 7-12　抗多径传播示意图

当传感器在障碍物附近时，接收到信标两个不同路径信号①和②。信号②经过多径传播，传播距离比实际距离①远得多。根据式（7-16）和式（7-17）避免了多径传播引起的定位误差。

四、仿真实验

设传感器网络观测区域为 500 m×500 m 和 200 个随机分布其中的传感器节点。移动锚节点配备一个 GPS 接收器、两个定向天线、一个声源和一个数字罗盘。每个传感器节点配备一个全向天线接收器和一个麦克风。其他仿真参数如表 7-1 所列。带扩号的值为默认参数值。

表 7-1　仿真参数

参　　数	值
相邻直线的距离 $2H$/m	6,(12),18
移动速度 v/(m/s)	2,(4),6
声速 c_2/(m/s)	340
$\sigma_1=\sigma_2$/m	1
波束宽度/（°）	5

如图 7-13 和图 7-14 所示，定位误差分别与相邻直线距离和锚节点移动速度成正比，与误差分析相一致。

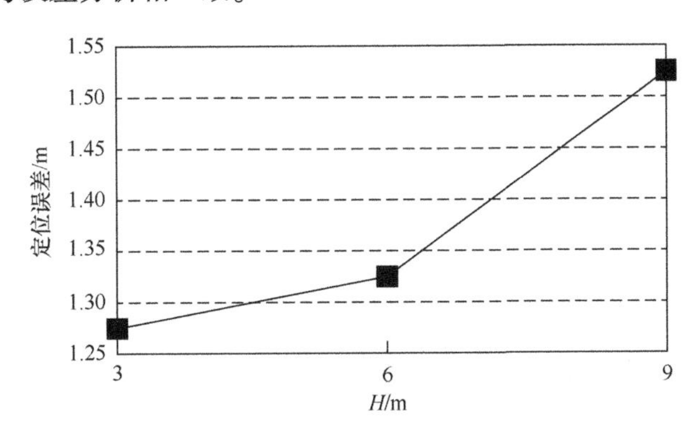

图 7-13　定位误差与相邻直线距离的关系

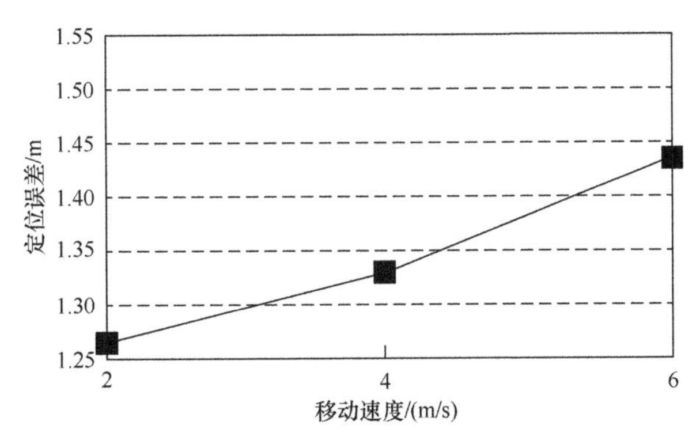

图 7-14　定位误差与锚节点移动速度的关系

小 结

本章首先分析了 DIR 定位算法的主要缺陷，即天线冗余、误差偏大、遍历路径过长。其次，给出了改进算法，改进了 DIR 定位算法的缺陷。再次，对改进的 DIR 算法进行了误差分析和能耗分析。最后，针对声音传感器给出了抗多径传播的定位算法，并进行了误差分析和试验仿真。

参考文献

[1] Akyildiz I F, et al. Wireless sensor networks: A survey[J]. Computer Networks, 2002, 38(4): 393-422.

[2] Chong C Y, Kumar S P. Sensor networks: Evolution, opportunities and challenges[J]. Proceedings of the IEEE, 2003, 91(8): 1247-1256.

[3] 孙利民,李建中,陈渝,等. 无线传感器网络[M]. 北京:清华大学出版社,2005.

[4] 王营冠,王智. 无线传感器网络[M]. 北京:电子工业出版社,2012.

[5] 许毅. 无线传感器网络原理及方法[M]. 北京:清华大学出版社,2012.

[6] 李晓维. 无线传感器网络技术[M]. 北京:北京理工大学出版社,2009.

[7] Bulusu N, Heidemann J, Estrin D. GPS-less low-cost outdoor localization for very small devices[J]. IEEE Personal Communications, 2000, 7(5): 28-34.

[8] Bulusu N, Bychkovskiy V, Estrin D, et al. Scalable, ad hoc deployable rf-based localization [J]. Vancouver, British Columbia, Canada: the Grace Hopper Celebration of Women in Computing Conference, 2002.

[9] Savvides A, Han C C, Strivastava M B. Dynamic fine-grained localization in ad-hoc networks of sensors [C]. New York: the 7th Annual International Conference on Mobile Computing and Networking, 2001: 166-179.

[10] Harold A, Don A, Daniel C, et al. Amorphous computing[J]. Communications of the ACM, 2000, 43(5): 74-82.

[11] Dragos N, Badri N. DV based positioning in ad hoc networks[J]. Telecommunication Systems, 2003, 22(1-4): 267-280.

[12] Dragos N, Badri N. Ad hoc positioning system (APS)[C]. San Antonio: IEEE Global Telecommunications Conference, 2001: 2926-2931.

[13] Bachrach J, Taylor C. Handbook of sensor networks: Algorithms and architectures[M]. Hoboken, Jersey: Wiley and sons, 2005: 277-310.

[14] Doherty L, El Ghaoui L, Pister K S J. Convex position estimation in wireless sensor networks [C]. Anchorage, Alaska: the 20th Annual Joint Conference of the IEEE Computer and Communications Societies(INFOCOM2001), 2001, 3:1655-1663.

[15] Biswas P, Lian T C, Wang T C, et al. Semidefinite programming based algorithms for sensor network localization [J]. ACM Transactions on Sensor Networks, 2006, 2(2):188-220.

[16] 王福豹,史龙,任丰原. 无线传感器网络中的自身定位系统和算法[J]. 软件学报,

2005,16(5):857-868.

[17] Boukerche A, Oliveira H A B, Nakamura E F, Loureiro A A F. Localization systems for wireless sensor networks[J]. Wireless Communications, 2007, 14(6): 6-12.

[18] Yassin A, Nasser Y, Awad M, et al. Recent advances in indoor localization: A surver on theoretical approaches and applications [J]. IEEE Commun. surv. Tutor, 201719(2):1327-1346

[19] Yu K,Guo Y J, Hedley M. TOA-based distributed localisation with unknown internal delays and clock frequency offsets in wireless sensor networks[J]. Let Signal Processing, 2009, 3(2): 106-108.

[20] Mao G Q, Fidan B, Anderson B D O. Wireless sensor network localization techniques[J]. Computer Networks, 2007, 51(10): 2529-2553.

[21] Sallai J, Balogh G, Maróti M, et al. Acoustic ranging in resource-constrained sensor network [C]. Las Vegas: Proceedings of the International Conference on Wireless Networks, 2004: 467-473.

[22] Mazomenos E B, Dirk D J, Reeve J S, White N M. A two way time of flight ranging scheme for wireless sensor networks[C]. Berlin: Wireless Sensor Networks-8th European Conference, 2011: 163-178.

[23] Yang J, Chen Y Y. Indoor localization using improved RSS-based lateration methods[C]. Hoboken: Global Telecommunications Conference, 2009:106-118.

[24] Hashemi H. The indoor radio propagation channel[J]. Proceedings of the IEEE, 1993, 81(7): 943-968.

[25] Coulson A J, Williamson A G, Vaughan R G. A statistical basis for lognormal shadowing effects in multipath fading channels[J]. IEEE Transactions on Communications, 1998, 46(4): 494-502.

[26] Kumar P, Reddy L, Varma S. Distance measurement and error estimation scheme for RSSI based localization in wireless sensor networks[C]. Allahabad: Wireless Communication and Sensor Networks (WCSN), 2009: 1-4.

[27] Patwari N, Ash J N, Kyperountas S, et al. Locating the nodes: Cooperative localization in wireless sensor networks[J]. IEEE Signal Processing Magazine, 2005, 22(4): 54-69.

[28] Kulakowski P, Javier V A, Esteban E L, et al. Angle-of-arrival localization based on antenna arrays for wireless sensor networks[J]. Computers and Electrical Engineering, 2010, 36(6): 1181-1186.

[29] Ash J N, Potter L C. Sensor network localization via received signal strength measurements with directional antennas[C]. Monticello: the 42nd Annual Allerton Conference on Communication, Control and Computing, 2004: 1861-1870.

[30] Graver J, Servatius B, Servatius H. Combinatorial rigidity[M]. American Mathematical Society (AMS): Graduate Studies in Mathematics (GSM), 1993.

[31] Aspnes J, Eren T, Goldenberg D K, et al. A theory of network localization[J]. IEEE Trans-

actions on Mobile Computing, 2006, 5(12): 1-15.

[32] Eren T, Goldenberg D K, Whiteley W, et al. Rigidity, computation, and randomization in network localization[C]. Hong Kong, China: the 23rd Annual Joint Conference of the IEEE Computer and Communications Societies (INFOCOM 2004), 2004: 2673-2684.

[33] Goldenberg D K, Krishnamurthy A, Maness W C, et al. Network localization in partially localizable networks[C]. Miami, FL: the 24th Annual Joint Conference of the IEEE Computer and Communications Societies (INFOCOM 2005), 2005:313-326.

[34] Jackson B, Jordan T. Connected rigidity martoids and unique realizations of graphs[J]. Journal of Combinatorial Theory, Series B, 2005, 94(1): 1-29.

[35] Laman G. On graphs and rigidity of plane skeletal structures[J]. Journal of Engineering Mathematics, 1970, 4(4): 331-340.

[36] Kay S M. Fundamentals of statistical signal processing, Vol. I: Estimation theory[M]. Englewood Cliffs, NJ: Prentice Hall, 1993.

[37] Stoica P, Ng B. On the Cramer-Rao bound under parametric constraints[J]. IEEE Signal Processing. Letters, 1998, 5(7): 177-179.

[38] Ash J N, Moses R L. On the relative and absolute positioning errors in self-localization systems[J]. IEEE Transactions on Signal Processing, 2008, 56(11): 5668-5679.

[39] Blumenthal J, Grossmann R, Golatowski F, et al. Weighted centroid localization in zigbee-based sensor networks[C]. Alcala de Henares: IEEE International Symposium on Intelligent Signal Processing(WISP2007), 2007: 1-6.

[40] Fitzpatrick S, Meertens L. Diffusion based localization[J]. Private communication, 2004.

[41] Savvides A, Park H, Srivastava M. The bits and flops of the n-hop multilateration primitive for node localization problems[C]. Atlanta, Georgia: the 1st ACM International Workshop on Wireless Sensor Networks and Applications(WSNA), 2002: 112-121.

[42] Li N, Hou J C. FLSS: A fault-tolerant topology control algorithm for wireless networks[C]. Pennsylvania: the ACM International Conference on Mobile Computing and Networking(MobiCom), 2004: 275-286.

[43] Dragos N, Badri N. Localized positioning in ad hoc networks[J]. Ad Hoc Networks, 2003, 1(2-3): 247-259.

[44] He T, Huang C D, Blum B M, et al. Range-free localization schemes for large scale sensor networks[C]. New York: the 9th annual international conference on Mobile computing and networking(MobiCom'03), 2003: 81-95.

[45] Torgerson W S. Multidimentional scaling: I. Theory and method[J]. Psychometrika, 1952, 17: 401-419.

[46] Gower J C. Some distance properties of latent root and vector methods used in multivariate analysis[J]. Biometrika, 1966, 53(3-4): 325-338.

[47] Shang Y, Ruml W, Zhang Y, et al. Localization from mere connectivity[C]. Annapolis, Maryland, USA: the 4th ACM International Symposium on Mobile Ad Hoc Networking &

Computing, 2003: 201-212.

[48] Schonemann P H, Carroll R M. Fitting one matrix to another under choice of a central dilation and a rigid motion[J]. Psychometrika, 1970, 35(2): 245-255.

[49] Kwon O H, Song H J. Localization through map stitching in wireless sensor networks[J]. IEEE Transactions on Parallel and Distributed Systems, 2008, 19(1): 93-105.

[50] Costa J A, Patwari N, Alfred H O. Distribution weighted multidimensional scaling for node localization in sensor networks[J]. ACM Transactions on Sensor Networks, 2006, 2(1): 39-64.

[51] Tenenbaun J B, De Silva V, Langford J C. A global geometric framework for nonlinear dimensionality reduction[J]. Science, 2000, 290(5500): 2319-2323.

[52] Drineas P, Javed A, Magdon-Ismail M, et al. Distance matrix reconstruction from incomplete distance information for sensor network localization[C]. Reston, VA: the 3rd Annual IEEE Communications Society on Sensor and Ad Hoc Communications and Networks, 2006, 2: 536-544.

[53] Candes E J, Recht B. Exact low-rank matrix completion via convex optimization[C]. Urbana-Champagne, IL: the 46th Annual Allerton Conference on Communication, Control and Computing, 2008: 806-812.

[54] Candes E J, Tao T. The power of convex relaxation: Near-optimal matrix completion[J]. IEEE Transactions on Information Theory, 2010,56(5):2053-2080.

[55] Recht B, Fazel M, Parillo P A. Guaranteed minimum-rank solutions of linear matrix equations via nuclear norm minimization[R]. SIAM Review, 2010, 52.

[56] Ash J N, Potter L C. Robust system multiangulation using subspace methods [C]. Cambridge, Massachusetts, USA: Information Processing in Sensor Networks, 2007: 61-68.

[57] Sichitiu L, Ramadurai V. Localization of wireless sensor networks with a mobile beacon[C]. Fort Lauderdale, USA: the First IEEE Conference on Mobile Ad-hoc and Sensor Systems, 2004: 174-183.

[58] Stoleru R, He T, Stankovic J A. Walking GPS: a practical solution for localization in manually deployed wireless sensor networks[C]. Tampa, FL, USA: the First IEEE Workshop on Embedded Networked Sensors, 2004: 480-489.

[59] Galstyanl A, Krishnamachari B, Lerman K ,et al. Distributed online localization in sensor networks using a moving target[C]. Berkeley, California, USA: Proc. the 3rd International Symposium on Information Processing in Sensor Networks(IPSN 2003), 2003: 61-70.

[60] Parker T, Langendoen K. Localisation in mobile anchor networks[R]. Delft, Netherlands: Delft University of Technology, 2005: PSD-2005-001.

[61] Xiao B, Chen H, Zhou S. Distributed localization using a moving beacon in wireless sensor networks[J]. IEEE Trans. Parallel and Distributed Systems, 2008, 19(5): 587-600.

[62] Zhang B L, Yu F Q. LSWD: Localization scheme for wireless sensor networks using direc-

tional antenna[J]. IEEE Transactions on Consumer Electronics, 2010, 56(4): 2208-2216.

[63] Ou C H. A localization scheme for wireless sensor networks using mobile anchors with directional antennas[J]. IEEE Sensors Journal, 2011, 11(7): 1607-1616.

[64] 史清江,何晨. 多功率移动锚节点辅助的分布式节点定位算法[J]. 通信学报,2009, 30(10):8-13.

[65] Dimitrios K, Das Saumitra M, Charlie H Y. Path planning of mobile landmarks for localization in wireless sensor networks [J]. Computer Communications, 2007, 30(13): 2577-2592.

[66] Huang R, Zaruba G V. Static path planning for mobile beacons to localize sensor networks [C]. White Plains, New York, USA: the Fifth Annual IEEE International Conference on Pervasive Computing and Communications-Workshops, 2007: 323-330.

[67] Han G, Xu H, Jiang J, et al. Path planning using a mobile anchor node based on trilateration in wireless sensor networks[J]. Wireless Communications and Mobile Computing, 2013, 13(14): 1324-1336.

[68] Juang P, Wang Y, et al. Energy-efficient computing for wildlife tracking: design tradeoffs and early experiences with zebranet[C]. ACM New York, NY, USA: the 10th International Conference on Architectural Support for Programming Languages and Operating systems, 2002: 96-107.

[69] 刘辉亚,徐建波. 无线传感器网络节点定位的移动信标节点路径规划[J]. 传感器技术学报,2010,23(6): 873-877.

[70] Jacques M, Bahi A M. A mobile beacon based approach for sensor network localization[C]. IEEE Computer Society Washington, DC, USA: the Third IEEE International Conference on Wireless and Mobile Computing, Networking and Communications, 2007: 44.

[71] Li D, Zhou J, Yu P. Linking generation rate based on Gauss-Markov mobility model for mobile ad-hoc networks[C]. Wuhan, China: the International Conference on Networks Security, Wireless Communications and Trusted Computing, 2009: 358-361.

[72] Parkinson B W, Spilker J J. Global positioning system: Theory and application[M]. Florida: American Institute of Astronautics and Aeronautics, 1996: 5, 11, 60.

[73] Priyantha N B, Chakraborty A. The cricket location-support system[C]. Boston, Massachusetts, USA: the Sixth ACM International Conference on Mobile Computing and Networking, 2000: 32-43.

[74] Wang Z B, Li J F, Li H B, et al. HieTrack: A real-time wireless sensor network system for target tracking[C]. Hangzhou, China: the 4th International Symposium on Innovations and Real-time Applications of Distributed Sensor Networks, 2009: 39-46.

[75] Chen J C, Yip L. Coherent acoustic array processing and localization on sensor networks[J]. Proceedings of the IEEE,2003, 91(8): 1154-1162.

[76] Luo J, Feng D, Chen S, et al. Experiments for on-line bearing-only target localization in acoustic array sensor networks[C]. Jinan, China: the 8th World Congress on Intelligent Con-

trol and Automation, 2010: 1425-1428.

[77] 李元实,王智,鲍明,等. 基于无线声阵列传感器网络的实时多目标跟踪平台设计及实验[J]. 仪器仪表学报, 2012, 33(1): 146-154.

[78] Bahl P, Padmanabhan V N. RADAR: An in-building RF-based user location and tracking system[C]. Tel Aviv, Israel: the Nineteenth Annual Joint Conference of the IEEE Computer and Communications Societies, 2000: 775-784.

[79] Lorinca K, Welsh M. MotoTrack: a robust, decentralized approach to RF-based location tracking[C], Oberpfaffenhofen, Germany: the First International Workshop on Location and Context-Awareness, 2005: 63-82.

[80] Van Trees H L. Detection, estimation and modulation theory: Part I[M]. New York: Wiley, 1968.

[81] Torrieri D J. Statistical theory of passive location systems[J]. IEEE Transactions on Aerospace and Electronic Systems, 1984, 20(2): 183-198.

[82] Saloranta J, Severi S, Macagnano D, et al. Sensor localization with algebraic confidence[C]. Pacific Grove, CA: the Forty Sixth Asilomar Conference on Signals, Systems and Computers, 2012: 227-231.

[83] Sayed A H, Tarighat A, Khajehnouri N. Network-based wireless location[J], IEEE Signal Processing Magazine, 2005, 22(4): 24-40.

[84] Botteron C, Madsen A, Fattouche M. Effects of system and environment parameters on the performance of network-based mobile station position estimators[J]. IEEE Trans on Vehicular Technology, 2004, 53(1): 163-180.

[85] Spirito M A. On the accuracy of cellular mobile station location[J]. IEEE Trans on Vehicular Technology, 2001, 50(3): 674-685.

[86] Cameron D W. The design of calamari: An ad-hoc localization system for sensing networks [D]. University of California at Berkeley, 2002: 9-42.